This book belongs to

_____

_____

Dear Fellow Puzzle Enthusiast,

Thank you for your purchase of "Sudoku Puzzles for Adults: Christmas Edition - Easy to Hard". We're delighted to have you embark on this journey with one of our carefully crafted collections.

We are a small family-run business driven by passion, and know that each puzzle is crafted to offer not just a challenge but a stimulating experience.

As a small business, your support is invaluable to us. Consider sharing your experience by leaving us a review—it's more than just feedback; it's a vote of confidence that makes a significant impact on our small business journey.

Thank you for being part of our community. Happy puzzling!

© 2023 Harrington Publishing

SUDOKU

PUZZLES FOR ADULTS

Christmas Edition

EASY TO HARD

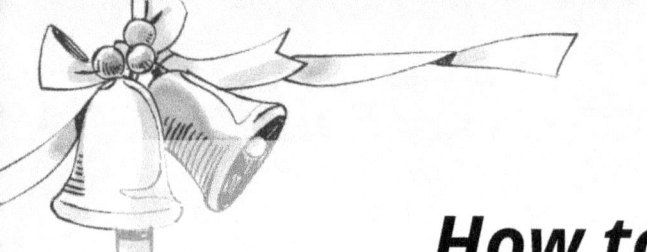

How to play Sudoku

The rules of Sudoku are simple and easy. It is precisely that simplicity that makes finding solutions and solving these puzzles a real challenge.

To play Sudoku, players only need to know the numbers 1 to 9 and be able to think logically. The goal of this game is clear: the task is to complete the grid by filling in the numbers 1 to 9. The difficulty lies in the limits placed on players to fill the grid.

Rule 1: Each row must contain the numbers from 1 to 9, without repetitions

The player must focus on filling each row of the grid, making sure there are no duplicate numbers. The order of the numbers does not matter.

Every puzzle, regardless of the difficulty level, begins with the numbers allocated on the grid. The player must use these numbers as clues to find out which digits are missing in each row.

Rule 2: Each column must contain the numbers from 1 to 9, without repetitions

The Sudoku rules for columns on the grid are exactly the same as for the rows. The players must also fill these with the numbers from 1 to 9, making sure each number occurs only once per column.

The numbers allocated at the beginning of the puzzle work as clues to find out which digits are missing in each column and their position.

Rule 3: The digits can only occur once per block (nonet)

A regular 9x9 grid is divided into 9 smaller blocks of 3x3, also known as nonets. The numbers from 1 to 9 can only occur once per nonet.

In practice, this means that the process of filing rows and columns without duplicate numbers within each block imposes further restrictions on the placement of numbers.

Rule 4: The sum of every single row, column, and nonet must be equal to 45

To find out which numbers are missing from each row, column or block or if there are any duplicates, the player can simply count or sum the numbers.

When the digits occur only once, the total of each row, column and nonet must be 45.

1+2+3+4+5+6+7+8+9=45

INDEX

1

4		6		7		3	5	
2	9				5	7		
7				3	2			
3		4				2		
	6							7
	7			5	1	4		6
		8	3				4	1
	3		5	2	4			8
	4		8	1				

2

	1	3			5			
	2	6	1	3		5	9	7
		4	2	7		8		3
	3			2			8	6
		9	5		7			
	7					4	5	9
						1		
	6	5	8					2
				9	1	3		5

EASY

3

	1	8		7				
		3	9	8	6	7		1
	6				1	8		5
2		4			5	1		6
			1	4	2		8	
		5	3					
7				2				
		1						2
3			2	6				8

4

9			6	3			7	
			2				6	
6					5		2	
	1			6		8		
		3			7			2
8	6		9	1		5		7
1	8	7						
	5		8	7				
		9	1		6			4

EASY

5

8	2			6	4			
	1	5	3	8				
4	6		1		9			
9					6	5	3	
	8			3				6
	3	6				4		
		4	6		7	8		
			9			3		
		8		1				5

6

5			7	2	4	1		
1	7				8		2	9
		8		1				
7	5				1			
		3	4	5		7		
	4			6			5	3
	1			8				4
8			9			3	1	
			1	4			8	7

EASY

7

2	1	4		6	3	7	8	
		7	8		9			1
	9				7		6	4
		2		1	6	8		
9				8	4			
		6	9				2	
7					1			
4		9						5
	5				2		7	

8

		2				4		5
				7		6		
	5			2				
7		9	4	3		5		
		1			8			
		5	1	6				7
	9			1	3	7		4
5	8		2		7		3	
	3	7	8			9	5	

EASY

_____

9

			8	5	3			
		3		7			8	
9						3		4
		9				7	4	3
			3			8		
8		2		1	7	5		6
					1			
	2			3			7	8
6	8		5					

10

		1	6					
3		5	8	2			6	
	8				7	3	5	
9					2	4		3
2		4						5
	3					2		
5			2		8		7	
8			5	1	6			4
4	1	9		7				

11

					8			2
6		3	7			5		
8		7		6	4	3	9	
2	7	4	3	9	1			6
			8		7	4		9
7	6			4	3			5
			6			1	8	
	4	5	9				3	

12

	3		9		6		8	
	1							
4		2			5			7
1		8	7					4
9	4		8		1			
5	9	1		7			2	
6			3	5			7	
2	7	3				4		8

13

6				3				
8	2		4					7
		9		7		3	6	
9	3			5	7			
5		1					4	
		8				1		
7	4	5		9	2		1	
		6			4		5	2
				8	3	6		4

14

	4		1		3	2		
		1		6				
3				8	2	4		5
			6					
	8		4	1		7		3
	5	6		9		1		
		3			9			
	9	2						
	7	5	2	3			8	9

15

				3	4			6
		3	9			2		8
6	9	8		1			3	
	3		6					5
1			3					
8	5	4		2	7			
	7						9	
4			7		1			
3	1	5		6			8	7

16

9		8					1	
6		7			2	9		
			1					
		3				4	5	
1		4	7	9				2
8			5	4		3	9	
	6	5					4	
	7		2		4			8
4	8	1		3			2	

EASY

17

3	6	5	1					
		9			2	4	3	
	4		8					1
8		4					5	
5		3			7	1	6	
			3					
		8	5	6				7
			2		8		1	3
2	5	1						

18

			2			1		5
		4			1			3
5		3			9		6	
1			8		2	4		
	9	2	1	3			8	
	8							2
6	2		9					
9			7					8
7		8				9	5	1

____

19

9	1				5	6		
6			3		7			
		4					5	
4			6	3		2	7	5
		3	2					9
		6	9		8			
		5	4	1		7	2	
7	8	9			6	3		4
							9	

20

	6			7	8		2	
8		2			9			5
5		4						1
		3				1		
6		8			2			7
9	4		6		3	5		
					5	4	1	
1	2	6		9				8
4					1	2		

EASY

21

	5		8					4
				1	4			
8	4	7				1	3	
	7			5		3		
6	1		7					
5	3			6	8		1	
4		6			3	9		2
1	9			4		8	7	
				8	5			1

22

2							3	
3		5		1	2	8		9
8	4		6			1		
7		4		9		6	8	5
	5				8	9		7
							1	
		2	5				9	
9		6		8	3	2		
	3				4	7		

EASY

23

1		2	9	5	4	7		
				6			4	8
4	6		8	3	1	2	9	5
			6					7
7	5				2		6	9
9					5			
	2		5					4
		9		2				3
8			3	4	9			

24

		7						1
3	2	6		1				
4	5				9	3		
6	4				7		9	
					2			5
	1	3				4	2	
					5			6
				3		7	1	4
	7		2	6	1			3

25

					4		2	
3	6		1		2			5
	2	8	9	3		6		
	8			4				6
	9		5		6	3		7
			7	1		2	4	
6				5		9		
	5	9			1			
	7	1		9		5		4

26

7		3	9	4				
5		1	3			9		
9	8			2				
		2			5	1	9	
8			2	3				
3	9		7					6
1	4					2		
	3							7
		7		8	3	4	6	9

27

	8	5		4				7
			3					
2		3	8		9		6	1
8			2	5		9	7	
			4		6		3	5
	1			3				2
		9	5	2		8	1	
4	2			9	8	6		
3			1	6				

28

					2		4	5
5				1	7		3	
2	3			6		7		
				5		3		4
	5	6					7	
		8	1	7			2	9
		3				9		
				3			8	2
7	6	5		8		4		3

29

9	3		5	6	1			4
				9			7	
	4						1	9
		9	2		7		4	
	7	4	6			9		
6			8			1		7
		3	1					8
2	5				4	3	6	1
	9					7		5

30

3		6	9	4			2	1
		5					4	
			5	2	8			3
4	9			8	3	2	5	6
		3				8	7	
8	6				5			
	7				6			5
2				5				
				7	9		8	2

31

					9			
	5	3	4	1	2			
2			6					4
9							4	
1	8							
						7	5	2
	4	9	1	2	8	5		6
		1	9		7		2	
	2	7	5		3	4	1	

32

		2		5	6	9	8	
	3	5						1
6								
	9			1		6	2	
				6		3	7	
2			7				5	
8	1		6	2			4	
				7	3	2		
7					5	8	9	

33

			1				7	
4		3	5			1		
			9			3	8	
	5	8	4	7				9
		2		5	9	7	4	
7			3		6		1	
			2			4		
9	6			1	4			3
				3				7

34

		6	8				1	
				2	5	7	8	3
					3			6
	3				2	9		
		9	1	8	6		3	4
		8					6	7
5			7	9	8			
		7	3	5		6	9	
1								

35

8							5	1
4	2			9		7	6	
	3	1	6	5	7		4	2
	9		8	6				
		4		1				6
			4		3			9
6		3						8
2		9	7		6			5
5		8			9		2	

36

	4			5			2	
				6				
					4		8	9
3					6	5		7
	7		2			3	9	8
					8	2	6	
			5			1		6
	2	6			7			5
7	5		6	4	1			

37

			6			1	9	
			4		8		2	5
8	3			1		4		
4	7			9	2		5	
		9						
6					4			
2	4	5		8			1	
9					1			6
	6				9	2		

								6
		8			2			3
2	9	6		3	8	7		
					3	2		
					7	4	1	
	7		2	1	9	3		5
	5		3				8	
9			7		6			
		7	1	8		9	3	

38

EASY

39

		6			1		5	4
5	8	4	6					7
		1			8			6
	1		9		6	7		
6				2	7	1		
	2	5			4	6		
								1
	3				9		7	
	6	7		1	5	2		3

40

		2	4				3	6
			9	6	8	2		
		7					4	
3	8					1	2	
	5		3	1			9	
			8				6	
6	1		7	5		9		
	4			8		6		
		2			9	4	5	

EASY

41

					5	8		2
	5	9				6		
7		2	1		3			5
5								7
	6		5	8		3		
3			2		6			
8	2		3		1		4	
9	7		6		2			
		1						3

42

8		4	2	9	7	1		5
	9		6		5			
3					1	7		
					9	6		2
5		3		6		9		4
				1				
	4						7	
		5		2		4		1
9		8		4	6		2	

21

43

						4		1
9			8	5	1	6		
	1	5	2			8		
			4			9	3	
2	7	9	6					
	5					2		
7	2				3		6	8
		4		8		3	1	
6	3			1			4	

44

4			6					5
	9	3		1		7		6
			3			2		
1		4		3	5			9
		2	7		8			1
		5	1	6		3		
2	1		8			5	9	
7					6	1	4	3
								2

45

	4			2			7	9
1				4	7	5	3	
			5			8	2	
5		2			4			
			9	6			1	5
		8		5			6	
		1		7	9	6		3
7	8		1					
4			2	8	6	7		

46

		4	5		2			
	8			6	9		7	
				3				
	4		6	8	7		9	
	3	7		9	5	1		4
8							2	
	5	9	8			7		
	2	3		5	1	4		
	6		3			9		

47

					3	2	5	9
				7		3		
	6				9		1	4
			9		4			6
5	9				1			
	3					1		2
2			3	5	6	4		
8					2	9	3	
	5				8		2	7

48

		6	1		5		8	2
1				7		6		9
	2							
6		8				5		1
			8		2	3		
	4		3			9	7	8
4	6			9	8		1	
							6	
7		2	4					

49

			5	1			2	
9			6		3		1	
	3			2	9		5	4
			8	3		4		
3	2		9	5		1		6
	4		1	6				9
	8		2					7
7	1							2
2	9				5	8	4	

50

2			6			5	8	
5	6			1	9			
4	7		5	2	8			6
6	8	5		9	1	3		
		3				4	6	
			8		6	9	1	
		2			3			
3	4		7		5			
			1			8		

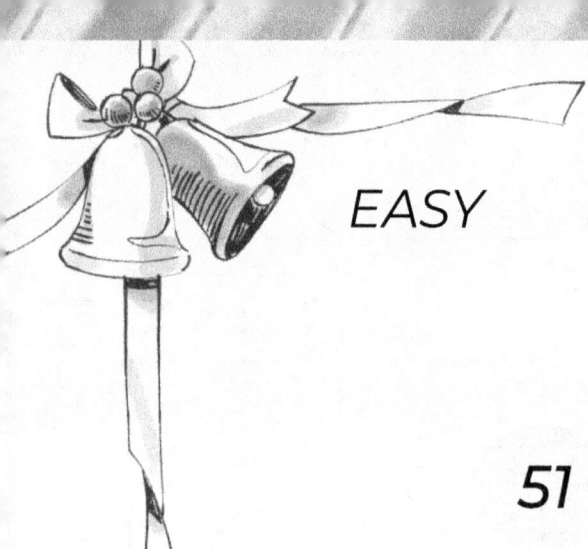

EASY

51

7			5				2	
3	8	4						
5		2		8				
9			4	6	7			8
		1	8	3				2
4			1			6	9	3
1					6			
		6	2			5		9
			9	5			6	

52

8	9				2			6
			6					1
				3	9	8		
1		5	3				6	7
	6	3					1	4
9				6		3	2	
			8	4	5			
		1	2					8
	3	8	7			2	4	9

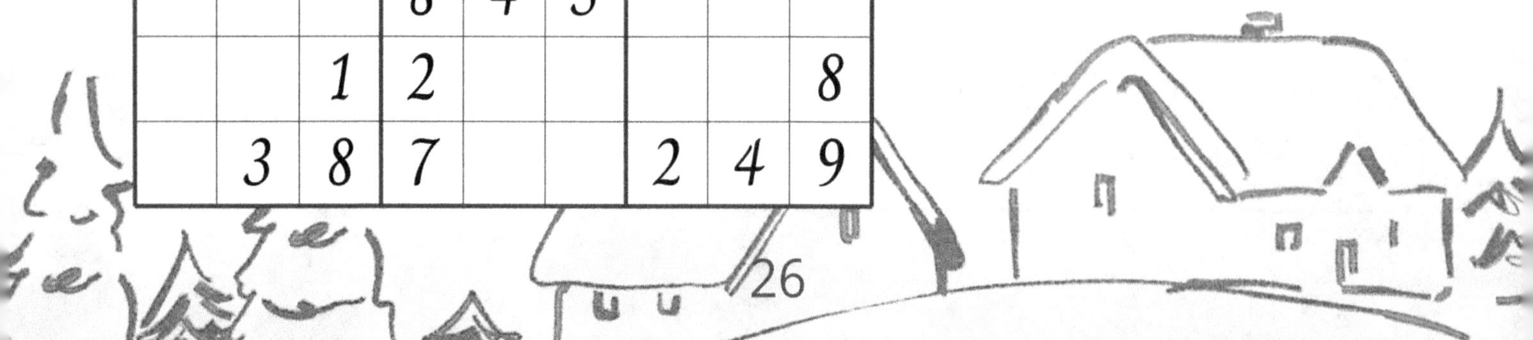

53

7				5			1	2
6	1	3		4	2		9	7
	5			1				6
	8	2	4	7	5		6	1
						8	2	
9						7		
			9			2		
8		5		3	1		7	4
							3	

54

2					3	7		9
	9		7			4	6	
7	3		6					8
4					9			
3	2			6		1		7
	8							
		3		4	8	6	2	
			9	5	6	3		
		4	3	7			9	

55

	9	3			8			2
	8	6	4	2		3	7	
5		4				8		
		8			9		2	
9	4		5				3	6
			1		2		9	
		1	9				8	
2	3							4
			2			9		3

56

2			7		9			5
9			6	5		8		3
1			3		4	9		
4	8						6	
	2			9		4		7
7	9	3						
3			9			7	5	
		4	5			6		1
5			8					

57

1			5	4			2	
	5		2	9			6	4
	2	3			7	5	1	
3				5	4			
			7				4	
7	4		3		9	6		
	7		1			2		8
5				8			3	
2	3				6			

58

	3	1				9		8
		5			9		3	2
		4					5	
	8		2					5
	4		7	5		1		
								4
4	2		3			8		
9			1					
	1	3	4		8	5		7

59

	8	1	9					
7	4	2		1				5
5	9				3		8	
2	7			3			5	4
		9	6		4			
			5			8	9	
				6	8			7
4	1		2		5		6	
			3		1		2	

60

	9		2		5			1
	1			6			3	
	6	7	1	3		8	5	
	5	9		7				8
		8	9	4				
1	4							
5	8		3			9		7
			5			3	6	
	3					2		

61

				1			8	
		1					2	5
7	5		3				6	9
5	6		2	3			1	
		9		7			4	3
1	3	7			9			
8							9	6
4	1	6	9			5	7	2
					6			

62

3	7		8					6
		8				4	5	
		2		5	6		3	7
		4			8	3		
	3	1	2	9			6	
	8	7	1			2		9
7						6		
8					7			3
	2	3					7	1

EASY

63

		2	8	7		6		3
			5	2		8		
9		4				2	5	7
			9			4		5
4				5	6			
	7			1				
5		1			8	3		
6		7			1	5		9
	2		7		5			6

64

		2	3				1	9
5		3						
	8							6
	4	7			8		9	
1		9		6		8		
	6			1			4	
7	3				1		2	5
	2	1	5		9			4
4	9		7			1		8

65

		6	8	2			9	4
			1		4	7	8	2
	2	4						
		7					4	
9						6		
4		3	9		6		7	8
3					7	8	6	
6	5			3				
		1	6			5	2	

66

	5				1	3		
		4			3	5	6	
1							8	4
			8	7		9		2
2	9	8	1					
	7	5		9		8	1	3
		9	3	6		2		
					2	1		
7		2					9	5

67

		3					5	9
9				2	1		3	8
	8	2						
8			4			5		3
					5			
5		6	8	3			1	
6	5	4				8	9	
	2	7			9		4	6
1			2	6			7	

68

	8	2			4			
		3					7	
		7	2					4
		4		8	7		1	
		1	3	4	2		6	8
	5		1			4		
	3				8	1	4	
				1		6		5
8		5	4					9

EASY

69

4			6			3		2
2	6	3					7	
		1				5		
			1		6	2	9	5
6		2					1	3
		9	3					
8		5		2	4	6		1
						9	5	8
3		6	8					4

70

					3			
	9	2	4	5		8		
	7	5				9		4
		4		9		7		2
				7			1	
	1	3					5	9
				3	4		9	8
5		8				2		1
			2			3	6	

71

7		8	4					5
		4	6	5			1	7
9				7		2		3
	6	2	3				8	
			2	9				
5			7					
1		9			3	6		4
2		7	1		6	5		
				8			2	

72

	5	9		4				1
	2		5		1			
		4				8		6
5		7	4		9	2	8	
2	9		3		8		6	
3								7
9		6						
	7		2					
1	3	2			5		4	9

73

7	4		2	5			8	
		1						
	5	2	4	8				6
2	9			1				
				7	4		9	
					9	5	1	4
4		9	7		2			
				3			4	9
1	3	6	9			8		

74

	9	8	3					
2			1	6	5	9	7	
5								3
8			4	3		5	2	
3				5	6	8		
		5		2			9	
	8	7		9			3	
			6			7		
			5		8	2	1	4

75

4	9			2				
	3				1		6	9
6		1	7					
1			2	3			9	4
		3	1				8	7
5		8			7			2
							2	
	6	2	5	9	4	3	1	
8		4					7	

76

9	5		1					6
6		1		4	7			
	4		5					3
			8	1				2
					4		7	
8			6		3			
				5	6	2	1	8
	6		4					7
		9	7	8		3		4

77

		1					3	7
	8				2			
		2				4		8
				2	1		9	
1			6		3		7	
			9				4	1
2		4	5		6		8	
8	7			1		5		
9				4			6	3

78

		1	2	9		5		3
	6	2	3		5			
		5						
8		7				4		
	2	4				9	1	
	9				1	7		5
	3		5	1	8			7
	5			4			2	
7	4		9	3	2			

79

	3			6	4	9		2
				2			8	3
5			8					6
1		3		8				
9	8	6			7			
				1			7	
	2		5		1			7
6		1						9
8	9	7			3			

80

		1					7	
	6	8						
		3	9	1	5		4	8
	4				6	9		
5	8	9	2					
			1	5		4		
3					8	7	9	
8			3	4				5
7							3	4

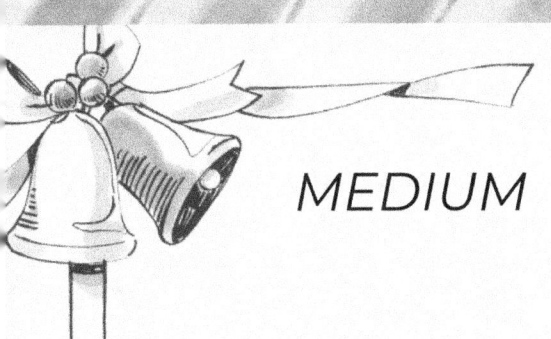

81

			5	9				
4						5	1	
		5		7	3			
		7						
8							9	
3	4		1				7	8
7	5				8			1
		9			5		2	7
2	3	8	9					

82

5	8				4			9
		1		5				
		3	1	6	8			
	3	5	4				1	
	9				7		3	
		7						
		6			3	5		
	1			2	6			8
3							4	6

MEDIUM

83

6	8	7	2	1		3	5	
			6				2	
3			8					
5		1				7	9	
				6	9		8	
		2	7		1		3	
2				5				
9		8		7	3	1	6	
	7				2		4	

84

4								
		8	9		6	7	1	
		5	2		4	8	3	9
			7	2	5			6
	5						2	1
3		2			9		7	
5				3				
9	2						8	
		1	6					3

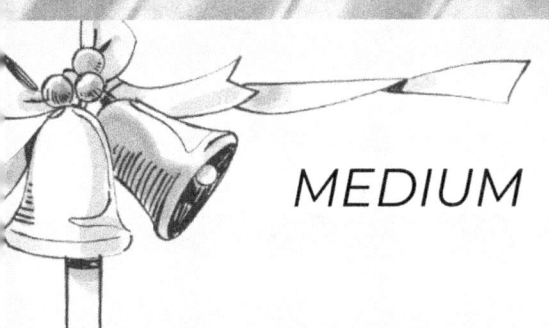

85

			5	9			8	
	5	3			4		7	
	4					6		
		5			9			
	7					9		
	3	1	8	6			2	
	9			5		1		3
3		4		1			9	
		7		3		8		

86

	1		9	5	2	3	8	
8				4	3			2
5							1	
2	4			6		7		
			4		8	2		
				7		5		
			6					
	6	8			1	9		
7		2	8	3				

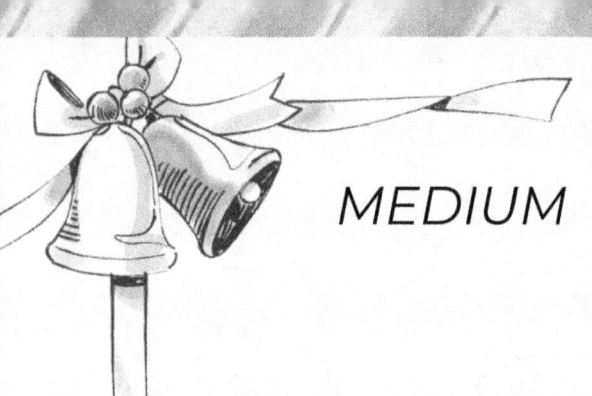

MEDIUM

87

		7	8		4		9	
9					1		7	
			5			1		
5				7	8		4	
4			9					
			1			3	5	9
		5						
3		2		1		8		4
8				3	6	9		5

88

	1			8	9			
			5		3			8
						5		2
		7		9			3	
9	6	5			1	2	8	
4						7		
				5	6			3
6	9	3				1		
			3	1	4			

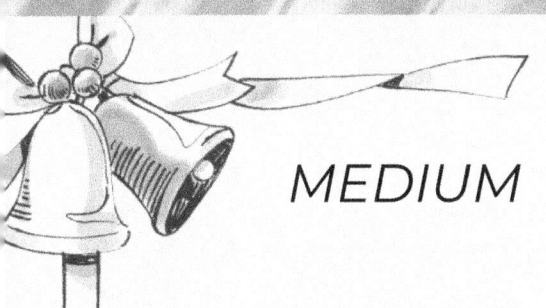

89

	9	8				4	3	
5						1	8	6
	3				2		5	
		7			6	5		
3	6		8		9	7	1	
9			2					3
				1				
		1	9			6		
4	5							

90

7	9		3				4	2
	1							7
	6				1	5		9
			1		5		9	
		5		9				
			2	6		4		
6	3					9	7	4
9			6					
	4	7		3			1	

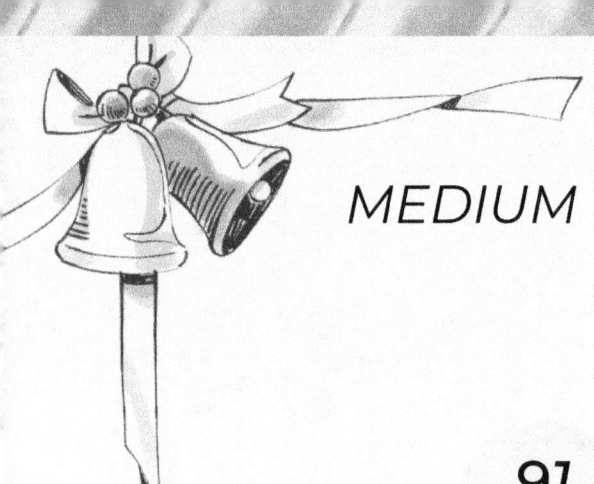

91

1	3		6					
		5	1					
6	7			3	8			
	6	2	9					
	1						2	
	9				2	4		7
			2	8	7	5		1
	2		5			6	7	8
								4

92

4			8			3		6
1								4
		7	6			9	8	5
2			9	6				
		5						
	6			8		4		
			7	2			6	
6								1
	1		4			5	9	2

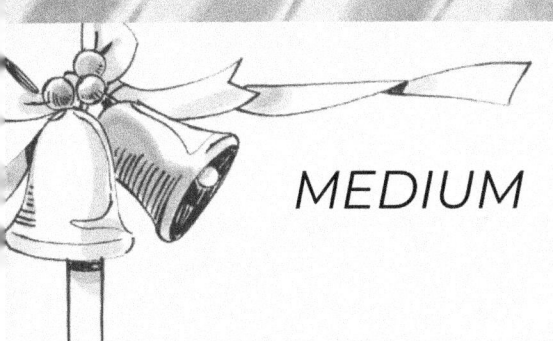

MEDIUM

93

			5	6			3	
					3			
3	2		7					5
7					6			
6		5	2	8				
	9			3		4		
		2		7				8
9		1	8			7		
	5				4	3	1	

94

5	9				3	4		6
	4		9			2		
		2	4			3		
9	5			1		7		
				2	9	3		
3				7				
2						6		
		8		5				3
				9	4			

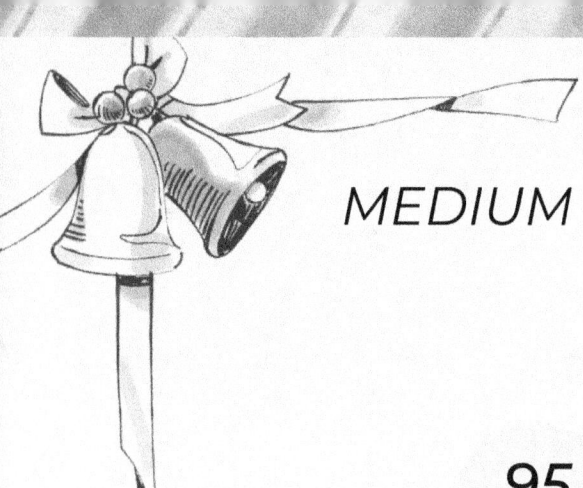

MEDIUM

95

			6	1			4	8
	1						6	
6					7			
	7	6						9
8	4		3			1		
	3		8			6	7	4
5				8				
4		7			1			2
			9				8	

96

					6		8	
9		3	7					
		7	4	1		3	2	
5	9	4		8			6	1
		6				2		8
		2	1		7	5		
					1			6
				7		9		
6		5			4	1		3

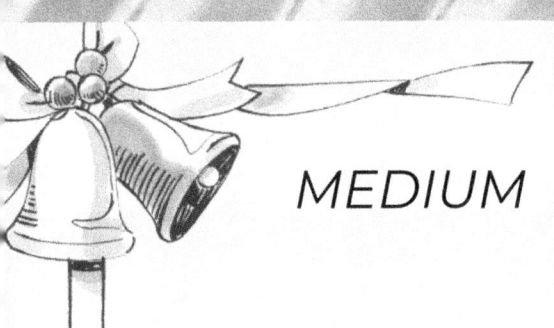

MEDIUM

97

		8					9		1
6	1		4					3	
5		7	3					1	4
		4		2					
3		1	5		4				
				8	7				
		6	1						8
1		2		9	3	7			

98

	9		7	5	2			
				1			4	
8	3					5		
				9			5	
3			2					
	2	5	3		6			8
		7		6	4		8	3
5		3	9					
						2	7	

49

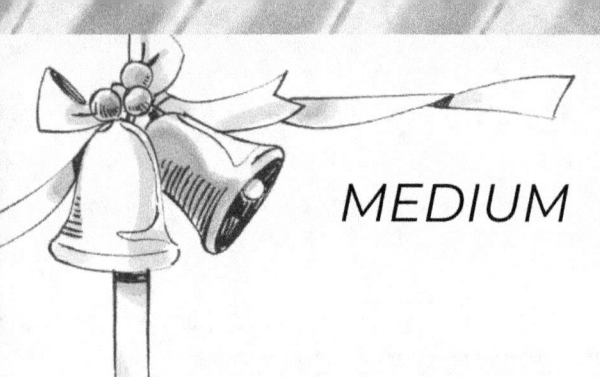

MEDIUM

99

					8			3
2		3	1			9		
5		8	2					
	7		3				5	9
1			9		2			8
	3							2
				9	3			5
	4	7	6		5	8		
	8		7			6		

100

5			6		4		9	
	8		5	2			3	
				1			7	
2			8			3		9
6						1		
		8			3		6	
8	2			9		5		
	4		1	3	5	2		6
				8				

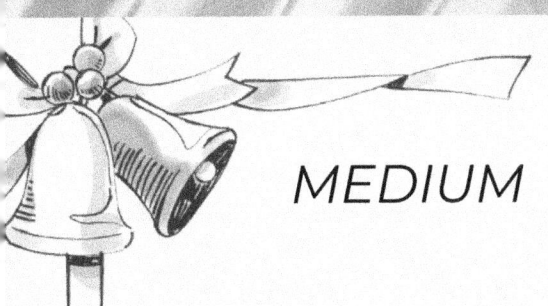

MEDIUM

101

		1	2				3	
	4	5	3				6	
3							8	
	9			7				3
		7			6		4	
5				2				9
	8	2				7	5	6
	6			1				4

102

		9	6	3			1	
		7			2		5	
	4		9		7		6	
		1		5		6	4	
				9				
		4		8		5		
4		6				7		5
	8				1	2		
			4			1		

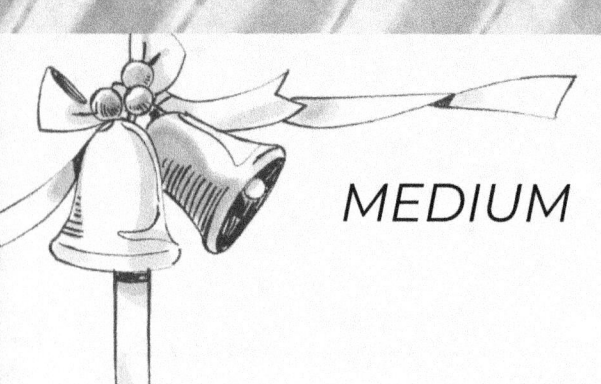

MEDIUM

103

1		4		7			3	8
	6	7			3			5
	2							
		1	3	5			4	9
7			2	8			1	
2			9			5		
		2	7		9			4
			8	2	5			
				1		3		

104

3				4		6	8	1
6						4		9
		7	8					5
		3		5				
							9	3
				8		2	6	
8	3	5	9	6			4	2
	4							
	2			7	3			

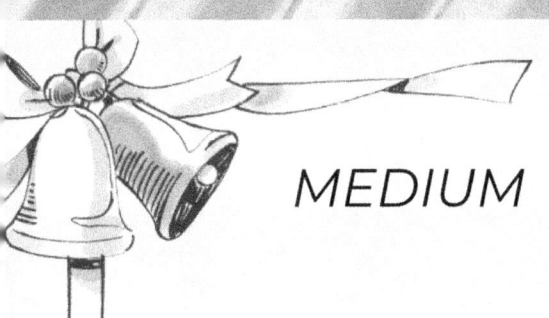

MEDIUM

105

			8		5			1
		3				2	5	
				9	6		4	
	9	8				1	2	
	1	2			3			
4				6		7		
				2		6		
		7			1			
	2	4	6	5			3	

106

	2	5	1			9		
	7			3				
	4					5		6
		4		7				
						4	2	8
9				6			5	
				8		9	7	
	9		4	1	3		6	5
	1			2	7			

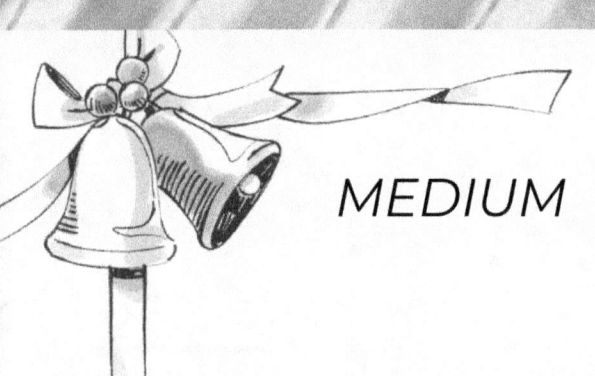

MEDIUM

107

5					3			
	6	3			8	5	2	
8				7				
							5	8
1	8		5	9				
			2			6		
6	4		1			2	7	5
9				5		4	3	
				6		8		

108

1	7	4			5			
				2				5
3			4	6		7		8
				9			2	4
		1						7
2		8			7	1	5	
		7				6		
	4					8		
		6				5		9

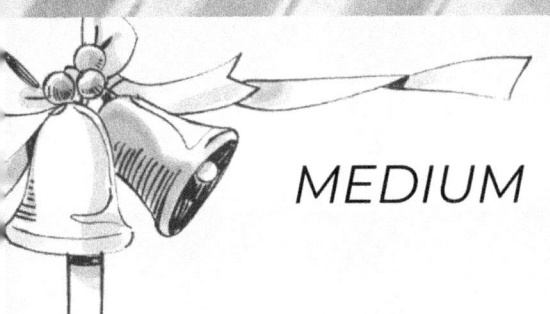

109

9	8					6		2
	6				5			7
2					9			
						2	1	
		4		8		5		
1		8	3				9	
6	4			3		1	7	
		7			1	3		9
3				7				6

110

6			3					2
	1	8	9		4			
	9				2	5		
8		7		9		2		
	3	2						9
		1			7		5	6
				8		9		
						6	2	
			1	2		3	8	7

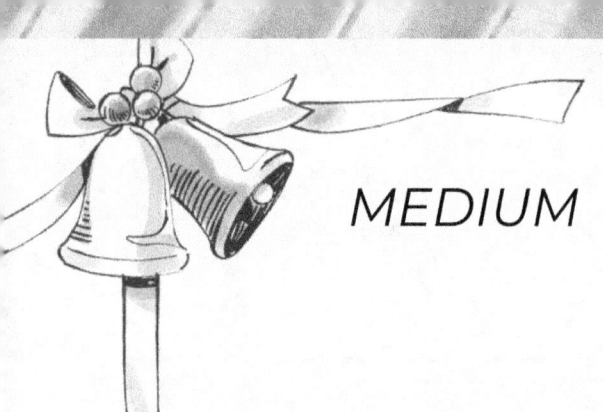

111

				7			4	
6	4				8			3
		8	3				7	9
3	5		7	9			6	
					6		3	
	1		4					
	3	4		6				5
				2			1	
				4				

112

	3		8			7	9	1
				9				
4			6		5			
					6			5
	7			4		8	1	
		4	2	7				6
1		5	7				8	
	6	8			2	5		7
					8		6	

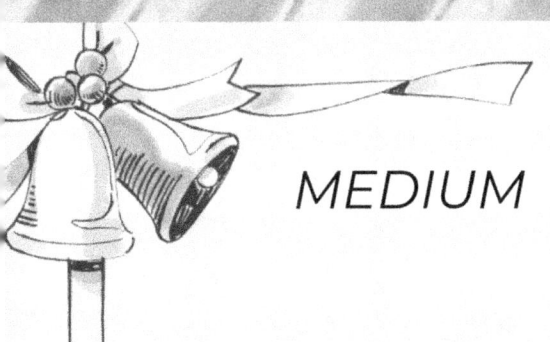

113

			8	4	3			9
						8		4
		1		5	9		3	
			5			6		1
2			9			4		
4		5	1			3		
9	3			1				8
	5				2	1		
		4	3				7	

114

8			9					
6				7				2
4		7	1			9		
3		1	4	2	8	7		6
			3					
			7	1			4	
	5						3	8
	4				3		2	
	7					6		

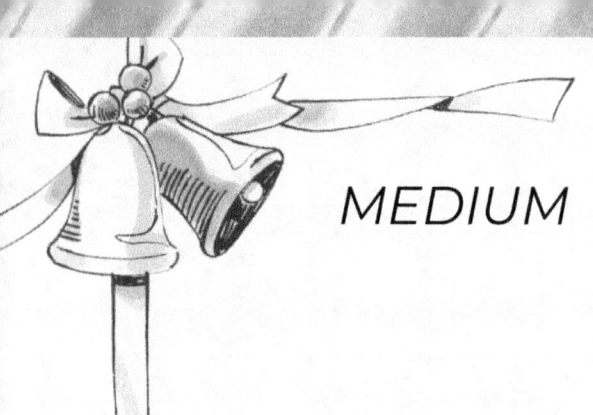

115

8		3						
	6			1		3		
4		7					1	
3				7				4
		5			3	1		
1		9		2				
2		6		8	5			
				9	7		2	
					1	5	9	

116

				5	3			
9			2				8	
3		4	9					2
	6	8			2	3	4	
					7		6	
4	3	5					9	
	9		6	8			3	
				2	5	1		
5						8		

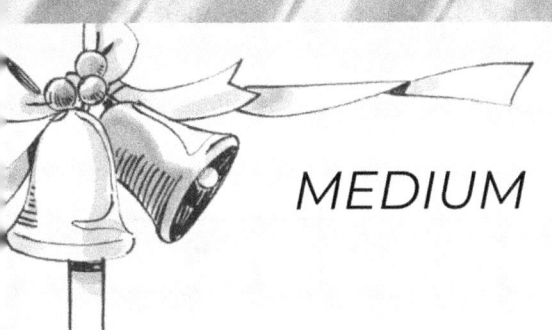

MEDIUM

117

8					3	9	1	4
	4		8					5
	7							
3	1	8					5	
5	9							
				5	2		3	
2				9	6	1		
					1		8	
	5	6				7		

118

				2		3	1	
	6		7					5
2								
	4	2	1	6		8	3	
3		7				6		
				7		2		1
6				8	9			
	3			5		9		
		5	6					

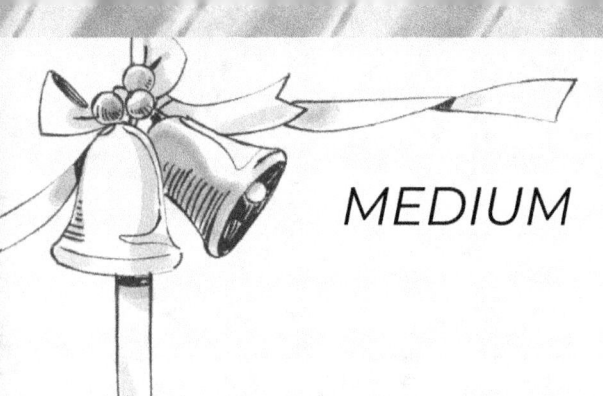

MEDIUM

119

			9	1	6	2		
		1	8	7		3		
			4			8		
9				6				
			5	4		7	2	
	4	8			9	6		
	9					4		
3							8	
8			3		1	9		7

120

	5	3					2	
		6	5			7		
	4		2	6		5		
7				3			6	2
4				2				
				1	8		5	
							3	1
1	2			5				9
3		9		8	4			

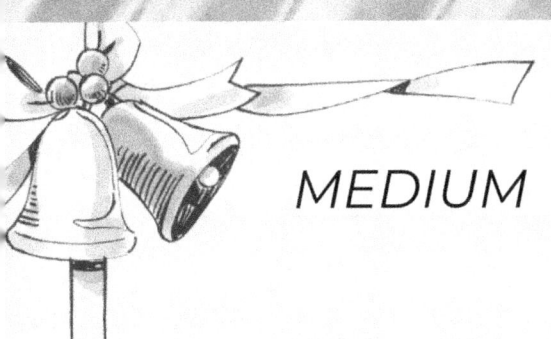

MEDIUM

121

4	5					2		
		2		5		6		7
7								
					6	5	8	
	9	5	7				3	6
6							9	
		9	6		7			
			5	3		4		
			4	1	9			

122

|
					2	4	
	1	6				7		
	4			7		9		
9	2			3			5	
					1	8		
			8		7		9	
5	6		2		3		8	
1				4		6		
		4	7		9			2

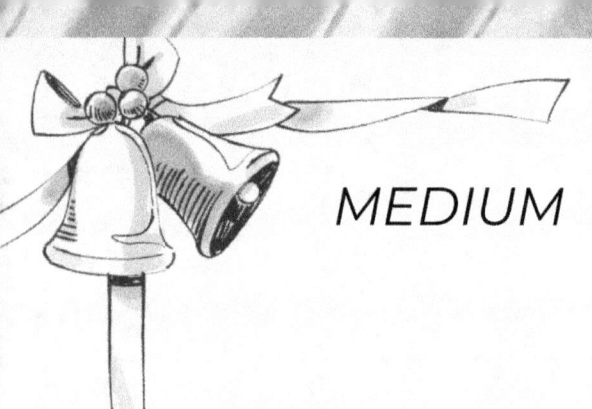

MEDIUM

123

		6		4		3		2
	5		8	3	2	1		
		1	7	5	6			8
						8		
	5		4	2	1			
	4			7		2		
7								
	3	2		8				9
			3	1				

124

			5		1			7
2	4				9	3		
		8	4					
6			1			2		
5						9		
				6	3	5	7	
		6						
	3					1	5	2
1				8		6		

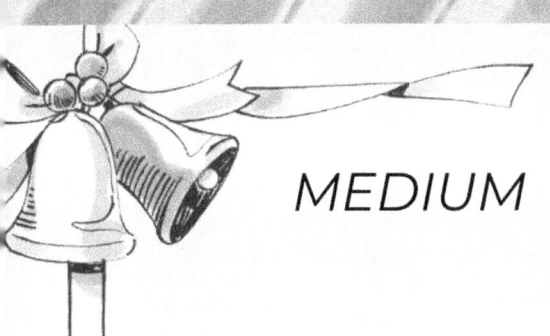

125

		9				4		
	1			6			8	
			1		8			7
4		5					2	
	9	3		8			6	
	6							
8				9	3			
5						6	9	
			5		6			4

126

	5	3				4	6	
				4	7			1
			3	6			9	
	1		7			6		
5		4		3				8
	2				1			
			2					
		6		7	3			
		2	9			3		4

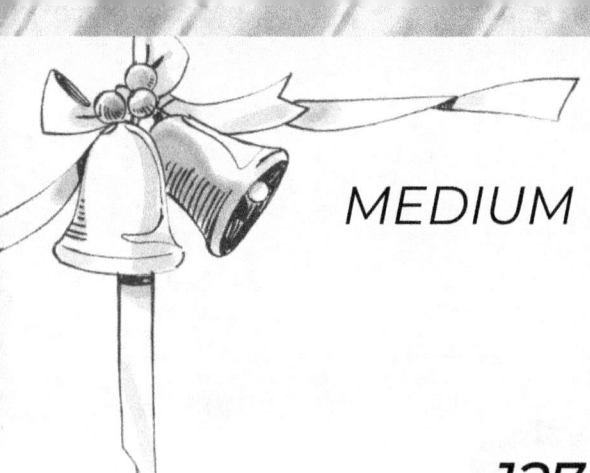

MEDIUM

127

7							2		5
	9	3		7			4		6
6				5	8				7
	8				5				
		7		1					2
					3				
9		1			6		8	7	3
								1	
4							6		

128

		1					7	
5	9	2					3	4
		8				5		9
	2		6			7	5	8
3					4			
					1			
			2			1	6	
		6				4		
4	5		7		6			

64

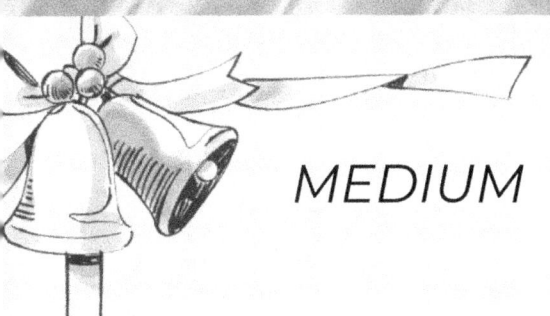

129

		3			9		5	
1		4				9		
				3				
	6				1			
			2				1	
5	7		4		3			
				2				5
9			1	4			6	7
3	1			9	5	2		

130

6			1		4			
				8	3	1		5
	3		5	7			6	2
		8					2	1
7		6				5		
					1			7
5								
		3	8		2		7	
8	2		4					3

MEDIUM

131

4	8	3		6			9	
	2			9	5	4		
5	9		7			1		
	1				7			
7								4
3	6	8	4				5	
		5	6					
	3		5	1		2		
	4					9	3	

132

	9		5				8	
2		6	9		8			
	4							
		9				8		3
		7					1	
		5				6	7	
			8		4		9	1
			1	5				
9	8				2	5	3	

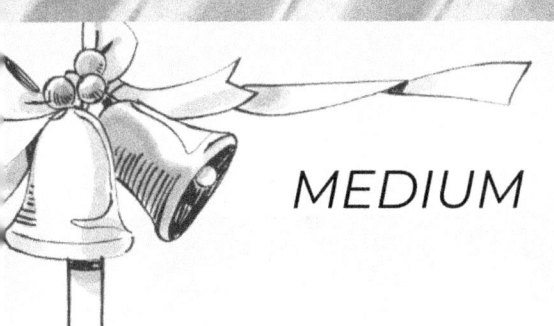

MEDIUM

133

		9	3				6	
	3		5	9	4		7	
	8							
7		1	4					
			2	6			3	
						9		
1		6				8		7
	7	5	6					9
	4			1		6		

134

	6	9	7			2	1	
	7		4			5		
1		4	5			7		
	5	6	1					
		2				4	7	
	4				8			
6			2					3
			8	4	9		5	
	1							

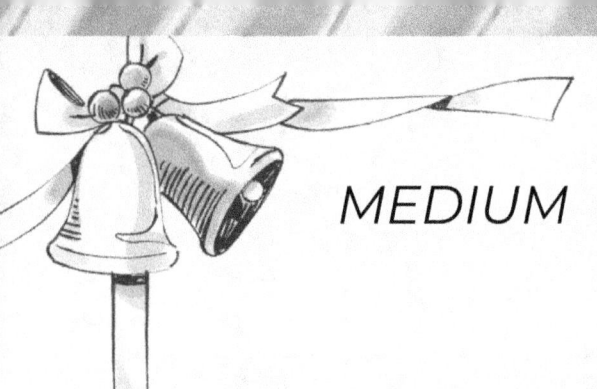

MEDIUM

135

					1	9		
1	5		2			3		
							7	
8		4		9				
	9	7						5
	1		3		7		9	
7	8	1			2	4		
2				3			5	
3						2	8	

136

5				8			9	2
	9	2				7		1
	3	1	7			5		
	6					4	3	
			3	5		2	8	
	8							
					8	1	7	
			2		9			
7			1				4	

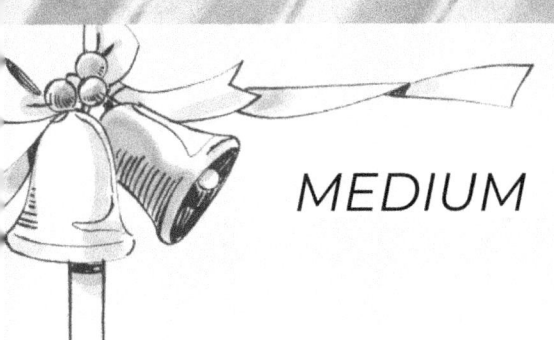

137

7				5				
6		4				1		9
1								
				2	1			
9	6						3	1
3	7		9					
	3		2		4			6
5					6			8
			5				9	

138

	5		1		4		9	2
		9	7	5				
1		4	2					
					8			3
9				7			8	
8			3				7	
	3						2	9
4	6							5
		2			5	6		8

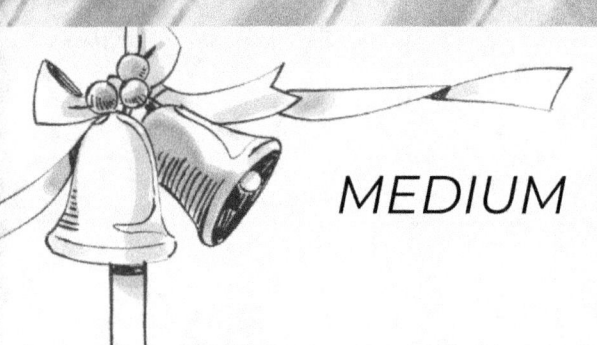

MEDIUM

139

	2	3				5	1	
			1				3	
				9	2			8
4	3						8	
6		8						
	5			7	8	3	9	
		4					2	1
		7	4					
1	8							

140

7	3		9	2		1	6	
	5							9
		2			1			7
5	2							
		9					4	3
	6			3	7			
3			1					
				7	6		1	
	1	8	5					

70

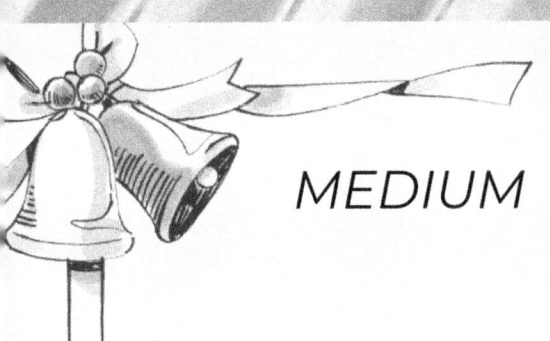

MEDIUM

141

		8					9	
6	7		5					
		9	6	7	1			
							8	2
7			9		2	5		
				8		4		
1		7	3	2				
	3				6	7		
	6	2						5

142

3		7		9		4		
4				7			6	
	8							2
	7				6			9
			5				4	
			2					3
2		1				8	5	
6		5		2				
				3				4

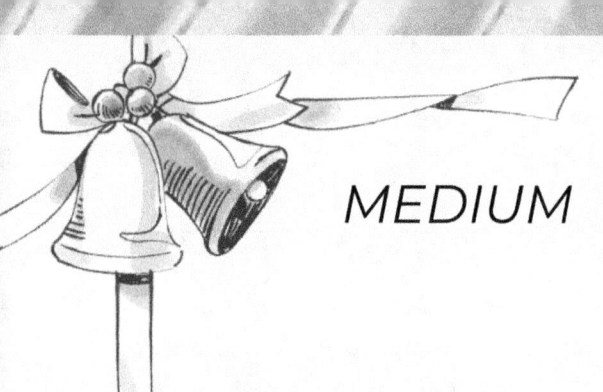

143

		1		9	7	2	3	
		3						
		9				1		7
	9			4	8	7		
			5		2			9
8		7			1			2
		8	7					
	1			3		6		
	6				5			

144

			3					
	1	7		5			6	
			4	8				1
	2	8	1		7			
1						3		
	9							
			5				4	3
		9		1				
5				6			9	2

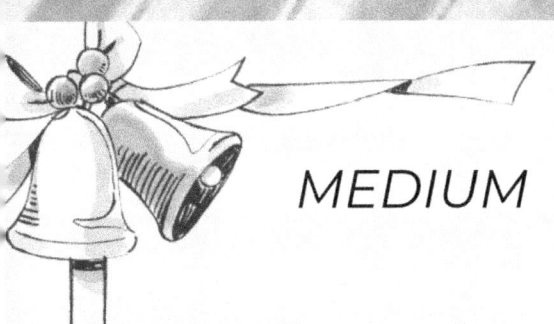

MEDIUM

145

	1		6					8
			1			3	7	
			8		5			
		6	5					
	9	5				2		6
							1	7
		2		1				
4	3	7				9		
5	6				3			

					4			1
6			8				2	
5		1					3	9
3	9	5		8				
			4					
7					5		6	
	8	6	7	3				
	3				8	9		
				6				

146

73

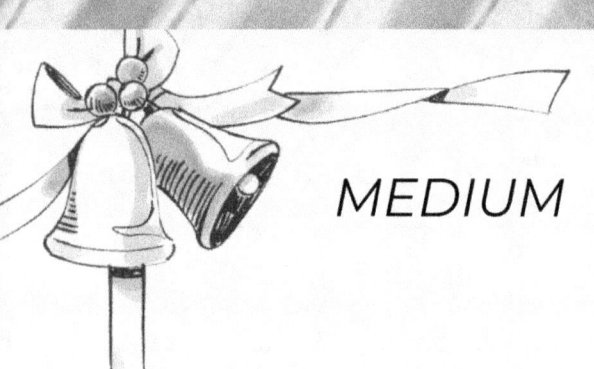

MEDIUM

147

	1				3	7		
		2	5	8		9		
	8		6				5	
7								3
	2		8			6		
	5							1
	7		9		8		6	
6		4		5				7
				3		5	2	

148

			1	6			9	
			4			3	2	
4		8				1		
			3	5				9
	4			9			6	
2	8							
	6				3	9	8	
	7					2		5
		3	5					4

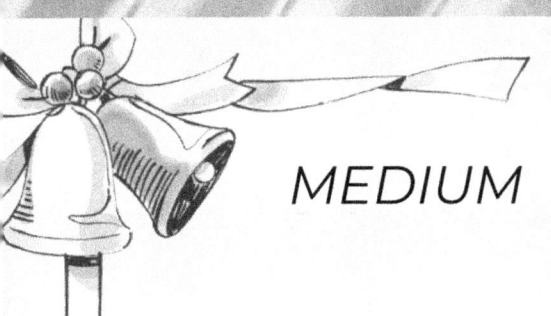

149

3		9		8				
7	8				1			
			6	5				
		5		6	9			
6		4			8	3		
					2		5	
		7		4		6	8	
9		3			5		7	
1		8				5	9	

150

7		3	2				5	
	1						8	3
		5	9				2	
	4					9		
8				7	1			
			8	9		1		
1		2	4					6
6	5	8					9	
9				5				

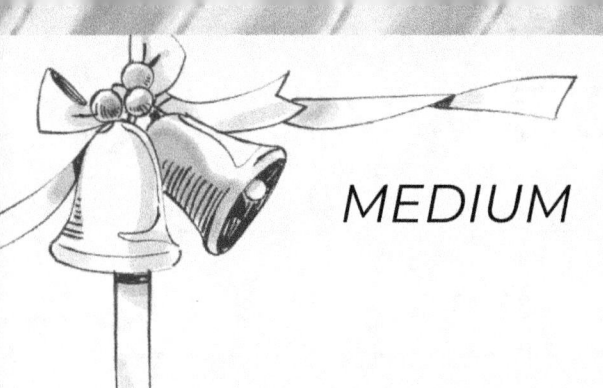

MEDIUM

151

3				1		4		6
9		5						
1								
	3	7			6	5		9
8	1				3			7
		6			7		3	1
				6	2		9	
	5		3		1		8	
6			9			3		

152

				4				
1		5	9	2		4		
			1		6	9		8
	1				2			
2		6						9
7					8		5	
3			7					2
					5			6
		1				5		4

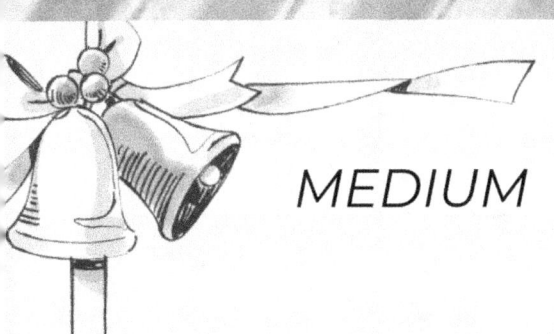

153

		8		5			7	
			1	3				9
		6				1	5	
					4			5
			5	7		9		
	1		3					4
	9		6	2	3	8		
	6							
	8	1					4	

154

						3		8
9						7	4	
					4	5		
							9	7
	1	5	8				3	
						2	1	
		8		2	6		5	
	7	2			5			6
		1		9	8			

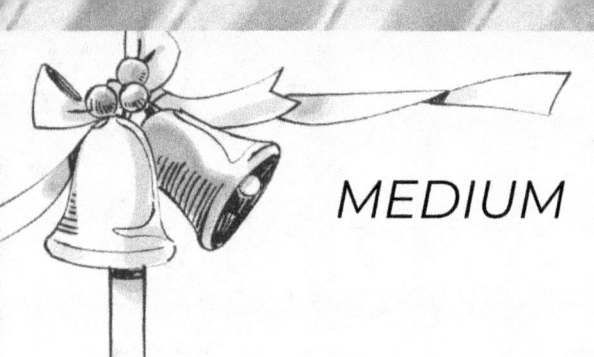

MEDIUM

155

	7					8		
9			7				2	
	2	5			9		3	
			8	3		4		6
	6							
2		8			4		9	
			6	1				4
	8				3			5
	3						6	

156

	5				8			
2		8	6	9				
		7	3		5			
	4				2		3	
	9				4			6
6		2	8					
5						9		
1					6			7
	2	9	5	1		4		

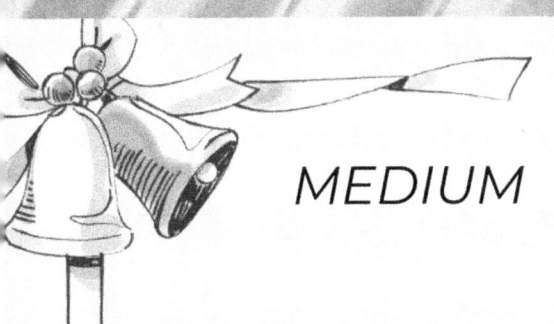

____

157

7		2		4				
8	6	1				5		
			6			7		2
			1	7	6			9
				8				
					9			1
	9			2	1			3
	4						8	7
3	2				7			

158

	7		9	6				
9	5			4	3		1	
					1		5	3
				1		7		
					4		9	
8	4				7			
6							8	
		8				2		
1					8	3		5

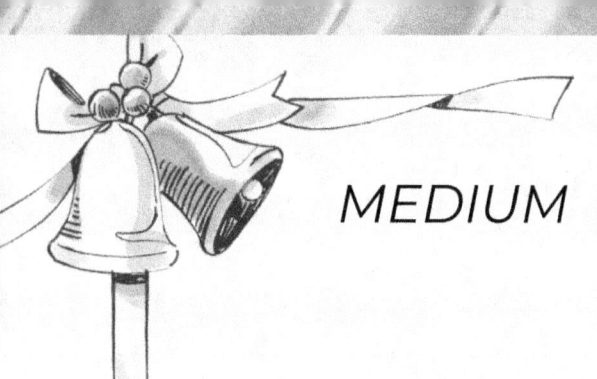

159

			7					1
1				4	8		3	
4	3					9	5	
	8		5				9	3
	2	6	8			5	7	
3								
	4		1			7	2	
	1							6
5							4	

160

		6		9			1	
		2	3	5			4	
1	3	8	7			2		
	1							
6		5	9	3		8	7	1
3		4					5	
5			1			3		
8				7	2		6	

161

	9		7		5	2		
				3			6	7
	7			1		5		
	5	9				6	7	4
	1		4					
					8			
6						4		
2	3		8		7			
								5

162

		4				8	2	
					8			
2	5			4			3	
			8			3		
					4		1	
8	2			5	9		4	
1	9							
		7	2			9	5	1
6					5			

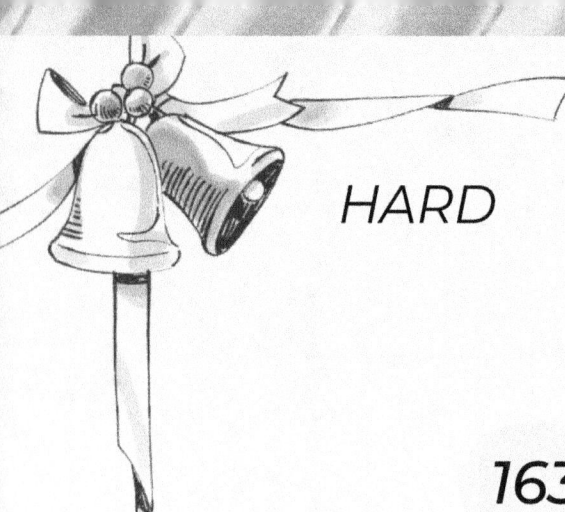

163

		4	7	5		6		2
				6			1	
						7	9	
4					2	8	3	
2								
5	8				1	2		7
		9				3		
7	2				3			
	3	6		2				

164

		4	1				8	
		1				6		3
	2			8			4	7
8			2				7	6
	6		3					
	5		7					
					3		5	
5	4		8		1			2
		8		6	2		3	

165

		6	9					
1	9	4			5			2
5	8							
			3			1	4	
			7	8	6		3	
9		8						
				6			7	
				2		6		1
2			4				5	

166

			6		2		4	8
3		8	9					6
		5	4					9
		3				4		2
	8							
1	9		7		8		6	
2				1	4		5	
				2			1	4
					6			

167

2								7
	3						6	
7		6	2					4
8	7							
5	1		3				9	
3			4	1	8			
					4			2
			6	3			1	
	5					4	3	

168

5		8					1	
		3		4	9		5	
						6	9	
			5			9		
7			8		1			6
2			7			1		
			2		7	4		9
			9		6			7
							2	

169

6								9
		4	1		7	5		
			9	3				
	6					4		
	4			2	3	7	1	5
			7			3	8	
1	7		3			8		
		3			5			
	8	5						

170

5				6				
			5		3	7		
6			1		7	3		5
7				2		5		1
	4				5		8	7
							3	
9							6	
2	6		9					3
			7					9

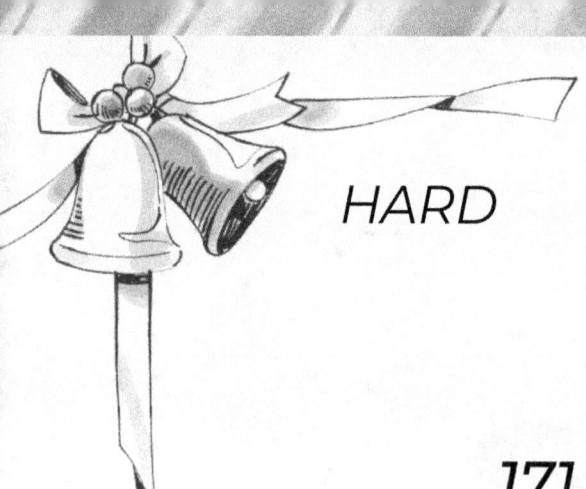

171

3		5	6	7				
		9				7	6	
				3	8			
4								1
		1	3	8	5			
			9		4	2		6
	8	2						
			1				8	7
5					6	1	4	

172

2					7	9	3	
		3						
	9		5				1	
8			7					
6	7		8		4			
	2	5		1		8		
	1	4				7		8
		8						6
			4			3	5	1

173

3			6		2			4
5							7	
					4	1		
		7		8	6			
6			4				3	
	8		9					
			7				6	2
		1			9			
		6	3					5

174

3				9	1	6	2	5
				7				3
1							9	
			7		3		1	
			6					
5	2				9			6
8	5							1
	6		1			7		
				3			4	

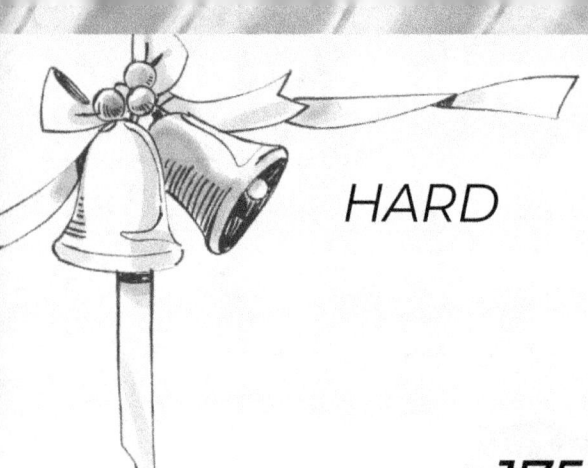

HARD

_____

175

	2							6	
		7	1			2		
6			8		7		1	3
3	1	9				6		2
		4		5				
			6					4
7		1			6			
2						7	8	
	9			7			3	

176

		6					8	
		7		3	9			4
2		4		6				1
					5			3
4			6					
	5	9					1	
			5				9	
	5			8		3		2
	2				3	8	6	

HARD

177

						3		8
	2	8			5			
					6			
6	3			2	9	4	5	
	5				7		8	
							9	2
5	4			3				6
	7		1			5		
						2	3	

178

	1	7	5		3	2		
5		6	2					9
				1				
4				2		7	1	
	7			4				
			6					
7		1					5	
		9	1	3		4		
	6	8						

179

		9		3				8
			4	9				1
		8					6	4
		4		7			5	
	6		1					
		7				1	8	9
			3	1			9	
		1						
5		2				6		7

180

7	1				5		2	
	3	9				5		
			2	4		7	3	
							1	3
				5	6		4	
					1	2		
	7	3		8	2			
	9	2	1			4		
4							8	

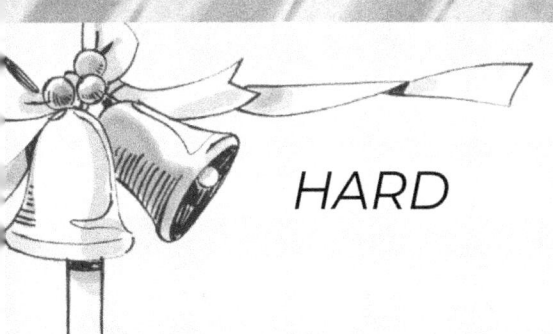

181

3				8				4
							9	
2	5				4		8	3
				4			2	
	9		8		2		3	5
	6							8
7	8	4	2			9		
		6		9				
		5		1				

182

5	8	2	6					1
			4	8				
			1		2			
6						8	9	
	2			7			1	
8		1			9			
			5		8		4	9
		9				3	2	
	6							

183

	6				1		3	
	7	1						
4		5		7	3		1	
	5	9	6		4			
					8		4	6
		4	5			2		
			8					
					9		2	8
				1		7	6	

184

			4	9				5
9		8	1					
	6		8					
			2					3
5		6		8	9			2
					6	1		8
4	8				7			
			5	3				1
	5		9		8	2		

185

	3	2	6	7		1		
6	1						8	
7			9					
			5		1		6	3
		5	4		2			
2	8			6				
			2			8		
						7		6
8		7				3	2	5

186

	1			7		8		4
	8	3				5		1
					9			
				3	8			
	9	7			5			2
	4							9
4		9						6
8	7		6	2			5	
					7		4	8

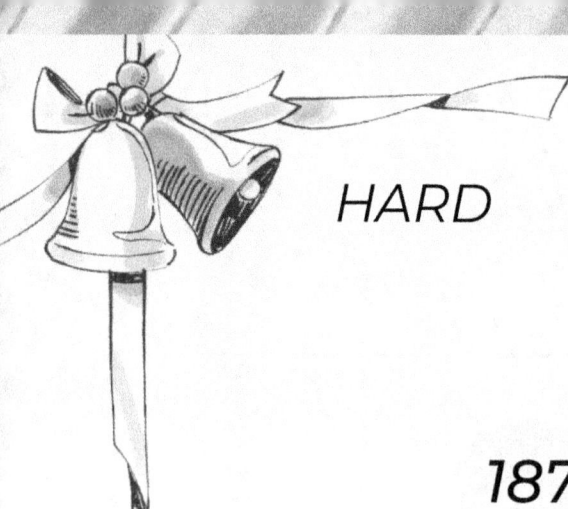

187

6						5		
	3			6		9		4
				8			6	2
		1	5			4		8
		8	4					
4				2				
3				4	6			9
1					3	8		
7		4	9				3	

188

5	8	9		3	2			
2			8					
		3			6	9		
4			9				8	
	6		3	1			9	
				6				
	7		6	8				9
6							7	
		2					5	

189

3				6				9
	8			3		4		
9	7		2		4			
			5		8	1		
		3						
	9			2		8		
					7		8	
1					3			5
	5			4		7		

190

		7					9	
1		4	6	8	2			
5							8	
			1	2	5		6	
		5	7			2		
	2		3	7		4		5
4			5					6
		3		1		8	7	

191

						7	4	
			2	9				
7	5			3				
8	7	9		1				
					8		2	3
	2				9			
5	9				4	8		2
		8						
	1	6			3			5

192

7	8	9		6	5			1
	6		3					
2							5	6
		4				9		
		6		7	2		8	
				1				2
		7						
	4							
		3		8		6		7

HARD

193

4	1	2	3			7		9
			1			5		3
3	5				4			
8				1	6			
						6		
9				5			7	4
						4	2	
	6			3	2			
			4	6		9		

194

3					4		5	
		4		2	9	3		
	9		8			6		
			4		3			
	6	1	2				8	
2			9		8	5		
	8							1
	4				1			
	2			4				

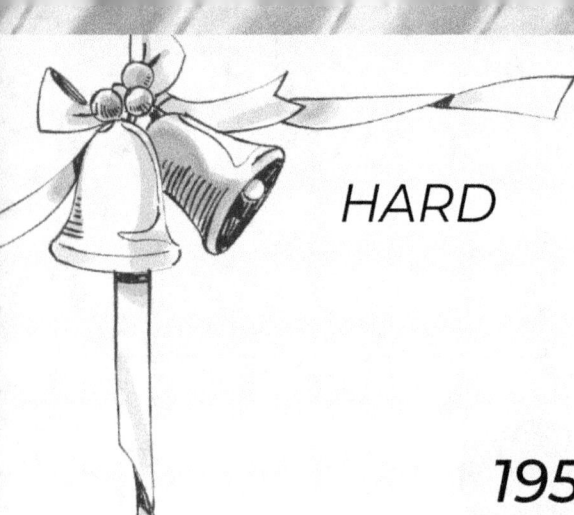

195

			3			1	8	9
	1	6						
			9					2
	2					5	7	
8		9						
		5		2			6	
5					3	8		
6		3						1
		8		6	1			

196

			4	5		8		
			3					
		9	8			5	2	3
	5		1				7	9
8							5	
2	6				9	1		
		2		4				
			9		5	2		
9		5	2	7			6	

HARD

197

		1						
				3				2
8		2	1	9			5	
9						7		4
		8		5		9		
	6		8					5
	5				3		4	
1							9	6
	7	9	6					

198

		1	6					
		2	4	8			6	
	1	5						2
			4	8				
6		7	2		1			9
	5	3			9	2		
	9		5				3	
	8		7	2				5

199

	2						3	9
5			7					
		6		4		8		7
	3		9					
					4			1
	5			7				8
2				9	1	7		
	4		5		3			
3						1		

200

								3
	9	7				5	8	
		4				2	9	
			1		9			7
				4	7	6	2	
	7	1		5				
	8	5	2					9
6		3		9				
9	1			3			6	

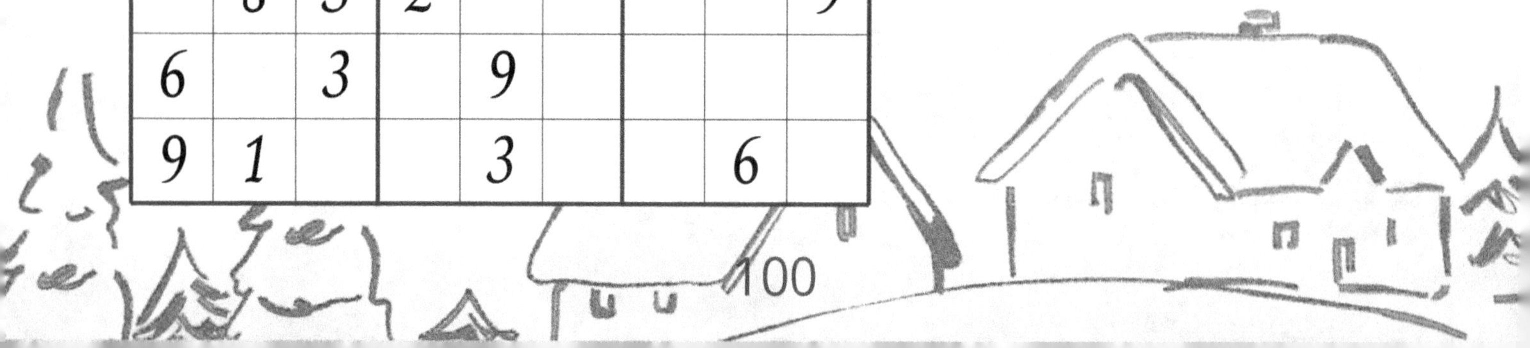

201

		5		8		2		
3					4			
		4		9	2		7	
8						5		
	7	2					4	
6			7			3		9
			4					
						1	9	
	5					4	8	2

202

					3	4		
2	1			4	5			7
	6		9	1		5	2	
				9			6	
		6	1	3			8	5
		8				1		
3	8					2		
				5	4			
		2						

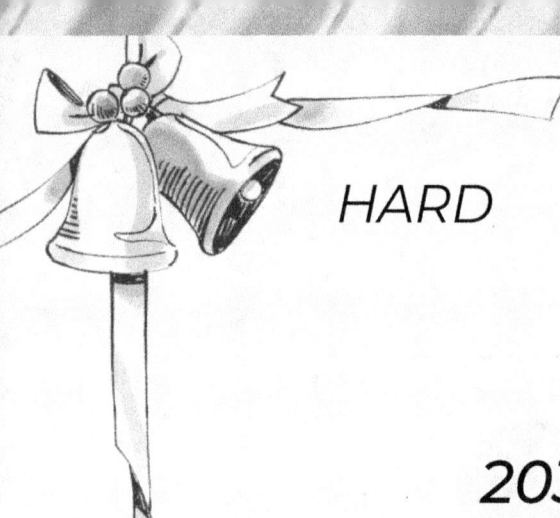

203

			6		1	3		
	1		7			4	9	
		6		9		5		
	9						4	
2				6			1	
		5			9			
	6			2	8			
	8							3
7	3	9					2	

204

	2					8	6	
		6					7	3
			3		5			
	1				7		5	
6		5				1		
							3	7
4				3			8	2
2					6	5		
1			8					6

205

					5		1	8
	7							
		3		4			5	9
	9					6		
		6				9	3	7
2		7	3	6				
8			7		4		9	2
	4		2			1	6	

206

		7					3	
3	4		5	6	1			
	6						4	
	1		7					3
		3	4				2	6
					9	1		
6	3			8			9	7
7			3	9		8		
			6		7			

207

	7	1		8	9	2		
6		2			3			
							4	
				3	2	4		
					6			8
			9		1		6	5
4	8		7	2		6	9	
1								
		7						

208

4					2	3	5	
	7		4					
				8	3			9
		5		6				
		7		3	5	6		2
	9	6			7			
9					1			4
		4	2	7	9		1	3

HARD

209

5					8		4	
7					9			
		6	3		1	8		
3	1		7			6		
							5	2
				1	4			
8			9			5		
1							2	
		3			2		9	8

210

2	1	4	8					5
				7				4
		5						
8	3		6	2				9
						2		
1			7	9		8		
				5		3	9	8
	8			4	6			
				9				1

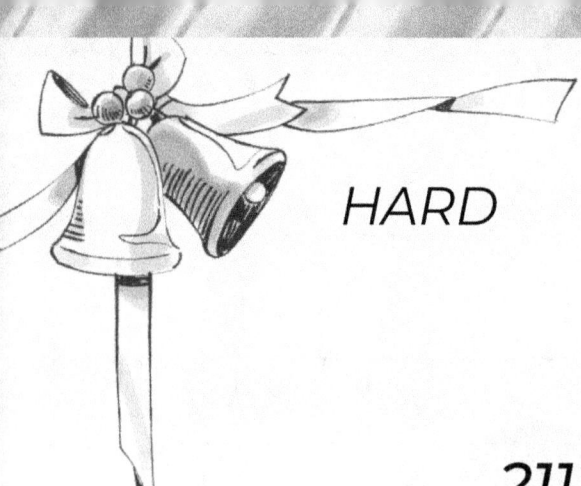

211

8	1	9			5	3		
				2				
7		3	8				4	
4		8		5				7
	5		6			4		
			4	1			6	3
		7			6			
			2	3	9			

212

							8	
		3			6			
6	2		8	4	5			
	1			2	7		6	5
	5					3	7	
			4				9	
	8		7			2		1
		5						
	7	9				6		

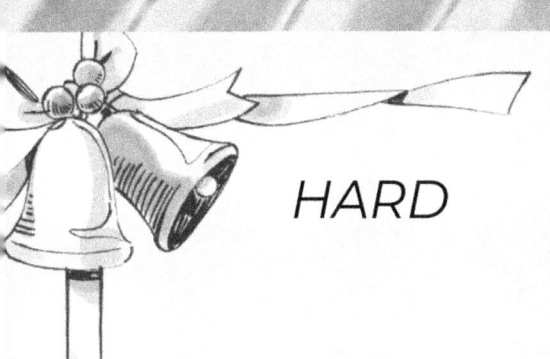

HARD

213

		8	4	7		5		
5	1			6				4
						6	9	
3						9		7
		4	5					
6	9				8			
			2					3
	5		3			7		
7					4		6	

214

		6		8				
5			3	9				4
					1		8	
8						3		
			4	3	6			5
9	6				8			
	5		2			4	6	
						5	2	
2	9			4				

215

						6	1	
	4		3	7		2		
7		8	6					
2		9		4			7	
4						8	6	9
			1				4	
	5					1		3
	8		5	1	7			
		6						

216

		6	2			5	7	
	3			5				
	9		8	7				
	4						6	7
						2		
6	1		3					5
	6			9				2
		1		8		7	3	
5				1	2	6		

217

		8	7	9		2	4	
2				1				
			8				7	5
		4	3		6		8	
			2					
3								2
6		1		4	5		2	
	5							
	7					6		3

218

	5		4					
			5					7
2		6				1		5
		3				9		8
7		8				2		
1	2		8					3
		2				7		
3		4			6			2
5				1				9

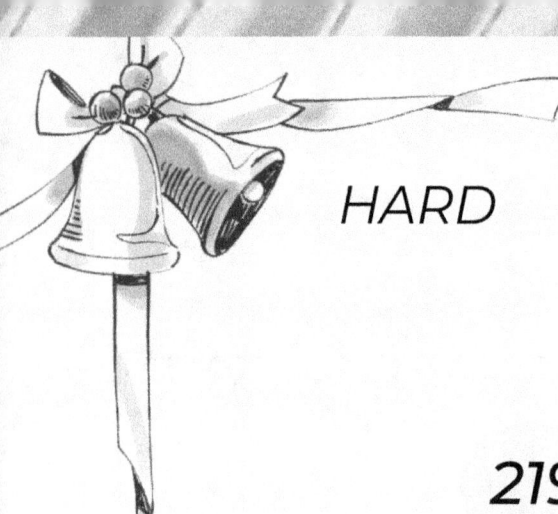

219

		6		1	2	9		5
	9		7	6			3	
		2	8		6	4		9
	6		2					8
		8			9	2		
		5		2		7	8	
4			6			1		

220

	8					5		
1	5				8	3	4	
		3	1					7
6	1		8			2	3	
						6		
	2	8	3		1			
		6			7			
	4			5		1	7	8
			4					

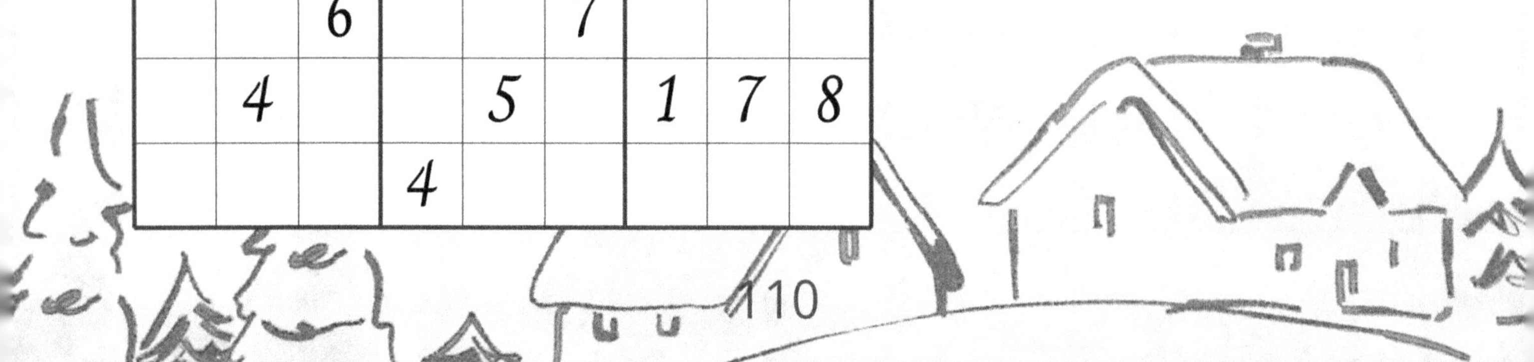

221

2	8					7		
		6			9			
4			8				3	
		4		5			9	6
					3	2		
	6	1			2			
							1	
6	5				7	3		2
		3				6	8	

222

			8			5		
				4	2			
	4					9	1	8
	2	7	5	9	4			
1			6		3	4		
		3		8				
	7							6
			9			8	7	
	8		7			3		

223

					5		2	
4		5	1			8	6	
		6		3				5
8				7				
2	4			8	1			3
6	3			1				
		1	3					
	7		9					4

224

	2		6	4				
					2	6		9
			8		3		2	
	7	4						
2				7	1			
3		5		9	8			
		3		6	5	4		8
			9			5		6
7						9		

____

225

				3	4	6		
			1				8	
8				6	9			
	8	9			1	4		
2		3				8	6	
						5		
	2			9	5			
3		6				7	2	
4			6					

226

		8		5	7			
	3	9			6			7
	4	6	3		2			
			7			1		
		4		6		8		
8			4	1			7	
				9			5	8
							1	9
	9					7		6

HARD

227

	1	2		7		4		
				6				
		8	3		2			
	2					8	7	1
				9		3	6	
	7				6			
		1			7		8	4
		6	1					
	8	7		3			5	

228

				9			3	6
9		3			6		2	
				8	2		1	
2		9	6	1				
7				4				
		8	9			7		
							9	5
1		5	8		4			2
		7						

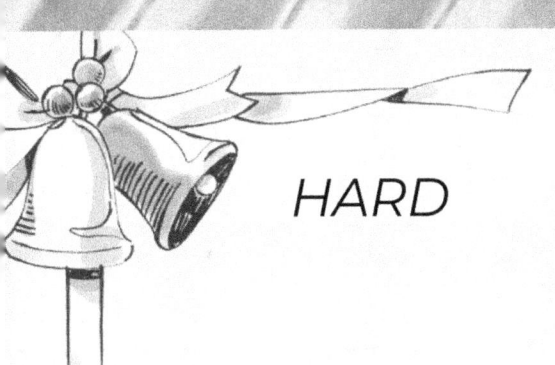

229

			3					
7		8		1	2			
3	6				8		1	5
					9			
8				5			6	
		3		6			7	2
		4	5				9	
			2	4	1	7		
		1						8

230

1						6		
	4		1	6		8	5	
	8				4			
4	9				3			
				8		2		
3				7			9	1
8								
		7	9					3
	1	5					4	

231

	1	7			8		5	
					6	4		3
							9	
3		6						
1		5			4	3		
	9		8					4
2				5				1
			6				3	7
		9	1	8				5

232

	8		4					1
3		6		8			7	
		4	7				6	
		8				1		
		5			3			
	1				9	7		5
	4				6	5		7
9			1					
								2

233

4			6			9		3
	6	3	2					4
							1	
			9		5		4	1
1				2	4	7		
			1					
		2	3					8
6				9				
		1		6				5

234

5	2		8			4	6	
					2			
		1		4		2		
		9	6		8		2	
							7	8
	4	7		5		6	3	
		8						
				9			5	
6			4		1	3		

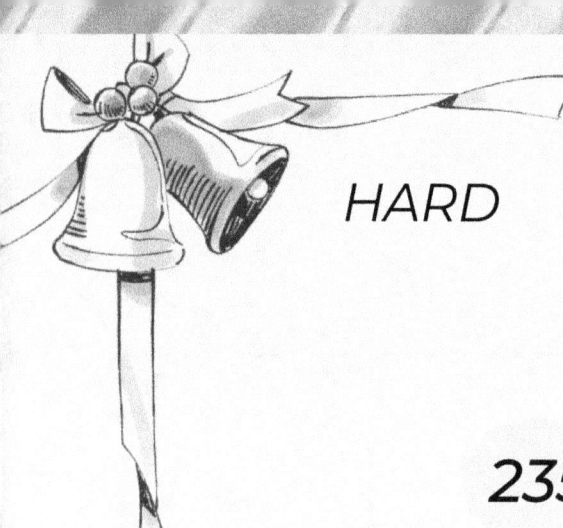

235

5			2		9	4		
	8	1						5
				1		3		7
		8					4	
	1							3
	9							
9	5			3	4			1
				5		7		
	7				8			2

236

1	4		5	3	9			7
	8				1			
	7		8					4
					4		3	
		9					2	8
			3	9			1	
5			9	7		6	8	
		6			3			9
				6				

237

			9	7				8
8				6			1	3
2			4					
	1	9						
				8				1
3					5		9	
	2						3	6
6	7						8	9
5	3		8				2	4

238

		3		4				
							8	4
	6	8				7		2
			2	7	3		1	
3	8							5
			5	1				
	9						6	
			4	6	7			9
	1				5	4		

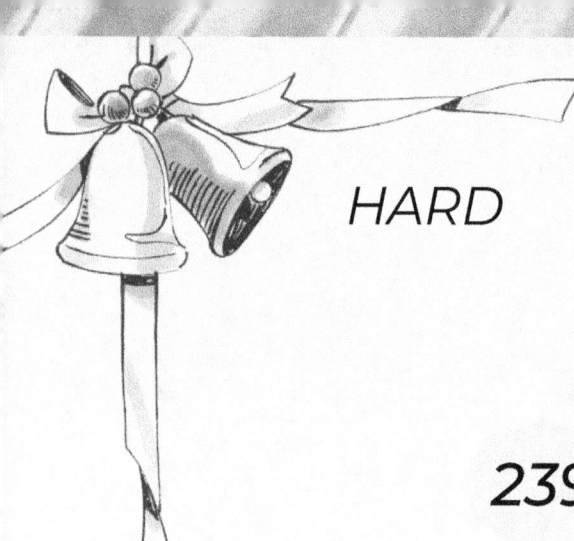

239

3							1	
				8		5		
5	7		9				8	
	4	3						
		6			5	7	3	
		1		4	2			
		7	8					1
			6	2				
						6	7	2

240

	4		8				7	2
					1			6
5					2			4
4		1			9	8		
3								1
8			5			2		
	9				5	3		
		4	2	3				
		5			8			

Puzzle solutions

Puzzle - 1

4	8	6	1	7	9	3	5	2
2	9	3	6	8	5	7	1	4
7	5	1	4	3	2	8	6	9
3	1	4	7	6	8	2	9	5
9	6	5	2	4	3	1	8	7
8	7	2	9	5	1	4	3	6
6	2	8	3	9	7	5	4	1
1	3	9	5	2	4	6	7	8
5	4	7	8	1	6	9	2	3

Puzzle - 2

7	1	3	9	8	5	6	2	4
8	2	6	1	3	4	5	9	7
9	5	4	2	7	6	8	1	3
5	3	1	4	2	9	7	8	6
4	8	9	5	6	7	2	3	1
6	7	2	3	1	8	4	5	9
3	9	7	6	5	2	1	4	8
1	6	5	8	4	3	9	7	2
2	4	8	7	9	1	3	6	5

Puzzle - 3

9	1	8	5	7	4	2	6	3
5	2	3	9	8	6	7	4	1
4	6	7	2	3	1	8	9	5
2	8	4	7	9	5	1	3	6
6	3	9	1	4	2	5	8	7
1	7	5	3	6	8	4	2	9
7	5	6	8	2	9	3	1	4
8	9	1	4	5	3	6	7	2
3	4	2	6	1	7	9	5	8

Puzzle - 4

9	2	8	6	3	1	4	7	5
3	7	5	2	4	8	1	6	9
6	4	1	7	9	5	3	2	8
7	1	4	5	6	2	8	9	3
5	9	3	4	8	7	6	1	2
8	6	2	9	1	3	5	4	7
1	8	7	3	2	4	9	5	6
4	5	6	8	7	9	2	3	1
2	3	9	1	5	6	7	8	4

Puzzle - 5

8	2	9	5	6	4	7	1	3
7	1	5	3	8	2	6	9	4
4	6	3	1	7	9	2	5	8
9	4	1	8	2	6	5	3	7
2	8	7	4	3	5	1	6	9
5	3	6	7	9	1	4	8	2
3	9	4	6	5	7	8	2	1
1	5	2	9	4	8	3	7	6
6	7	8	2	1	3	9	4	5

Puzzle - 6

5	3	9	7	2	4	1	6	8
1	7	6	5	3	8	4	2	9
4	2	8	6	1	9	7	3	5
7	5	2	3	9	1	8	4	6
6	8	3	4	5	2	9	7	1
9	4	1	8	6	7	2	5	3
3	1	7	2	8	6	5	9	4
8	6	4	9	7	5	3	1	2
2	9	5	1	4	3	6	8	7

Puzzle - 7

2	1	4	5	6	3	7	8	9
6	3	7	8	4	9	2	5	1
8	9	5	1	2	7	3	6	4
5	4	2	7	1	6	8	9	3
9	7	3	2	8	4	5	1	6
1	8	6	9	3	5	4	2	7
7	6	8	3	5	1	9	4	2
4	2	9	6	7	8	1	3	5
3	5	1	4	9	2	6	7	8

Puzzle - 8

6	7	2	3	8	1	4	9	5
4	1	8	9	7	5	6	2	3
9	5	3	6	2	4	8	7	1
7	6	9	4	3	2	5	1	8
3	4	1	7	5	8	2	6	9
8	2	5	1	6	9	3	4	7
2	9	6	5	1	3	7	8	4
5	8	4	2	9	7	1	3	6
1	3	7	8	4	6	9	5	2

Puzzle - 9

4	6	1	8	5	3	9	2	7
2	5	3	9	7	4	6	8	1
9	7	8	1	2	6	3	5	4
5	1	9	2	6	8	7	4	3
7	4	6	3	9	5	8	1	2
8	3	2	4	1	7	5	9	6
3	9	4	7	8	1	2	6	5
1	2	5	6	3	9	4	7	8
6	8	7	5	4	2	1	3	9

Puzzle - 10

7	9	1	3	6	5	2	4	8
3	4	5	8	2	9	1	6	7
6	8	2	4	1	7	3	5	9
9	5	6	7	8	2	4	1	3
2	7	4	1	3	6	8	9	5
1	3	8	5	9	4	7	2	6
5	6	3	2	4	8	9	7	1
8	2	7	9	5	1	6	3	4
4	1	9	6	7	3	5	8	2

Puzzle - 11

4	1	9	5	3	8	7	6	2
6	2	3	7	1	9	5	4	8
8	5	7	2	6	4	3	9	1
9	8	1	4	5	6	2	7	3
2	7	4	3	9	1	8	5	6
5	3	6	8	2	7	4	1	9
7	6	8	1	4	3	9	2	5
3	9	2	6	7	5	1	8	4
1	4	5	9	8	2	6	3	7

Puzzle - 12

7	3	5	9	4	6	1	8	2
8	1	9	2	3	7	5	4	6
4	6	2	1	8	5	3	9	7
3	2	7	5	6	4	8	1	9
1	5	8	7	9	3	2	6	4
9	4	6	8	2	1	7	3	5
5	9	1	4	7	8	6	2	3
6	8	4	3	5	2	9	7	1
2	7	3	6	1	9	4	5	8

Puzzle - 13

6	5	7	8	3	9	4	2	1
8	2	3	4	6	1	5	9	7
4	1	9	2	7	5	3	6	8
9	3	4	1	5	7	2	8	6
5	6	1	3	2	8	7	4	9
2	7	8	9	4	6	1	3	5
7	4	5	6	9	2	8	1	3
3	8	6	7	1	4	9	5	2
1	9	2	5	8	3	6	7	4

Puzzle - 14

5	4	8	1	7	3	2	9	6
9	2	1	5	6	4	8	3	7
3	6	7	9	8	2	4	1	5
1	3	4	6	2	7	9	5	8
2	8	9	4	1	5	7	6	3
7	5	6	3	9	8	1	2	4
6	1	3	8	4	9	5	7	2
8	9	2	7	5	6	3	4	1
4	7	5	2	3	1	6	8	9

Puzzle - 15

7	2	1	8	3	4	9	5	6
5	4	3	9	7	6	2	1	8
6	9	8	5	1	2	7	3	4
9	3	2	6	4	8	1	7	5
1	6	7	3	9	5	8	4	2
8	5	4	1	2	7	3	6	9
2	7	6	4	8	3	5	9	1
4	8	9	7	5	1	6	2	3
3	1	5	2	6	9	4	8	7

Puzzle - 16

9	4	8	3	7	5	2	1	6
6	1	7	4	8	2	9	3	5
5	3	2	1	6	9	8	7	4
7	9	3	8	2	6	4	5	1
1	5	4	7	9	3	6	8	2
8	2	6	5	4	1	3	9	7
2	6	5	9	1	8	7	4	3
3	7	9	2	5	4	1	6	8
4	8	1	6	3	7	5	2	9

Puzzle - 17

3	6	5	1	9	4	2	7	8
1	8	9	6	7	2	4	3	5
7	4	2	8	5	3	6	9	1
8	7	4	9	1	6	3	5	2
5	2	3	4	8	7	1	6	9
9	1	6	3	2	5	7	8	4
4	3	8	5	6	1	9	2	7
6	9	7	2	4	8	5	1	3
2	5	1	7	3	9	8	4	6

Puzzle - 18

8	6	9	2	7	3	1	4	5
2	7	4	6	5	1	8	9	3
5	1	3	4	8	9	2	6	7
1	5	7	8	6	2	4	3	9
4	9	2	1	3	7	5	8	6
3	8	6	5	9	4	7	1	2
6	2	5	9	1	8	3	7	4
9	3	1	7	4	5	6	2	8
7	4	8	3	2	6	9	5	1

Puzzle - 19

9	1	7	8	4	5	6	3	2
6	5	2	3	9	7	4	8	1
8	3	4	1	6	2	9	5	7
4	9	8	6	3	1	2	7	5
1	7	3	2	5	4	8	6	9
5	2	6	9	7	8	1	4	3
3	6	5	4	1	9	7	2	8
7	8	9	5	2	6	3	1	4
2	4	1	7	8	3	5	9	6

Puzzle - 20

3	6	1	5	7	8	9	2	4
8	7	2	1	4	9	6	3	5
5	9	4	2	3	6	8	7	1
2	5	3	4	8	7	1	6	9
6	1	8	9	5	2	3	4	7
9	4	7	6	1	3	5	8	2
7	3	9	8	2	5	4	1	6
1	2	6	3	9	4	7	5	8
4	8	5	7	6	1	2	9	3

Puzzle - 21

3	5	1	8	9	7	2	6	4
9	6	2	3	1	4	7	8	5
8	4	7	5	2	6	1	3	9
2	7	8	4	5	1	3	9	6
6	1	4	7	3	9	5	2	8
5	3	9	2	6	8	4	1	7
4	8	6	1	7	3	9	5	2
1	9	5	6	4	2	8	7	3
7	2	3	9	8	5	6	4	1

Puzzle - 22

2	1	7	8	4	9	5	3	6
3	6	5	7	1	2	8	4	9
8	4	9	6	3	5	1	7	2
7	2	4	3	9	1	6	8	5
1	5	3	4	6	8	9	2	7
6	9	8	2	5	7	4	1	3
4	8	2	5	7	6	3	9	1
9	7	6	1	8	3	2	5	4
5	3	1	9	2	4	7	6	8

Puzzle - 23

1	8	2	9	5	4	7	3	6
3	9	5	2	6	7	1	4	8
4	6	7	8	3	1	2	9	5
2	1	4	6	9	3	5	8	7
7	5	8	4	1	2	3	6	9
9	3	6	7	8	5	4	2	1
6	2	3	5	7	8	9	1	4
5	4	9	1	2	6	8	7	3
8	7	1	3	4	9	6	5	2

Puzzle - 24

9	8	7	6	2	3	5	4	1
3	2	6	5	1	4	8	7	9
4	5	1	7	8	9	3	6	2
6	4	2	3	5	7	1	9	8
7	9	8	1	4	2	6	3	5
5	1	3	8	9	6	4	2	7
1	3	9	4	7	5	2	8	6
2	6	5	9	3	8	7	1	4
8	7	4	2	6	1	9	5	3

Puzzle - 25

9	1	5	6	7	4	8	2	3
3	6	7	1	8	2	4	9	5
4	2	8	9	3	5	6	7	1
7	8	2	3	4	9	1	5	6
1	9	4	5	2	6	3	8	7
5	3	6	7	1	8	2	4	9
6	4	3	8	5	7	9	1	2
2	5	9	4	6	1	7	3	8
8	7	1	2	9	3	5	6	4

Puzzle - 26

7	2	3	9	4	1	6	8	5
5	6	1	3	7	8	9	4	2
9	8	4	5	2	6	3	7	1
4	7	2	8	6	5	1	9	3
8	1	6	2	3	9	7	5	4
3	9	5	7	1	4	8	2	6
1	4	9	6	5	7	2	3	8
6	3	8	4	9	2	5	1	7
2	5	7	1	8	3	4	6	9

Puzzle - 27

1	8	5	6	4	2	3	9	7
6	9	7	3	1	5	2	4	8
2	4	3	8	7	9	5	6	1
8	3	4	2	5	1	9	7	6
9	7	2	4	8	6	1	3	5
5	1	6	9	3	7	4	8	2
7	6	9	5	2	3	8	1	4
4	2	1	7	9	8	6	5	3
3	5	8	1	6	4	7	2	9

Puzzle - 28

6	8	7	3	9	2	1	4	5
5	9	4	8	1	7	2	3	6
2	3	1	5	6	4	7	9	8
1	7	2	9	5	8	3	6	4
9	5	6	4	2	3	8	7	1
3	4	8	1	7	6	5	2	9
8	2	3	6	4	1	9	5	7
4	1	9	7	3	5	6	8	2
7	6	5	2	8	9	4	1	3

Puzzle - 29

9	3	7	5	6	1	2	8	4
1	8	6	4	9	2	5	7	3
5	4	2	7	3	8	6	1	9
3	1	9	2	5	7	8	4	6
8	7	4	6	1	3	9	5	2
6	2	5	8	4	9	1	3	7
7	6	3	1	2	5	4	9	8
2	5	8	9	7	4	3	6	1
4	9	1	3	8	6	7	2	5

Puzzle - 30

3	8	6	9	4	7	5	2	1
7	2	5	6	3	1	9	4	8
1	4	9	5	2	8	7	6	3
4	9	7	1	8	3	2	5	6
5	1	3	4	6	2	8	7	9
8	6	2	7	9	5	3	1	4
9	7	8	2	1	6	4	3	5
2	3	1	8	5	4	6	9	7
6	5	4	3	7	9	1	8	2

Puzzle - 31

7	1	4	3	8	9	2	6	5
6	5	3	4	1	2	9	8	7
2	9	8	6	7	5	1	3	4
9	7	5	2	3	6	8	4	1
1	8	2	7	5	4	6	9	3
4	3	6	8	9	1	7	5	2
3	4	9	1	2	8	5	7	6
5	6	1	9	4	7	3	2	8
8	2	7	5	6	3	4	1	9

Puzzle - 32

1	4	2	3	5	6	9	8	7
9	3	5	2	8	7	4	6	1
6	7	8	4	9	1	5	3	2
3	9	7	5	1	4	6	2	8
5	8	1	9	6	2	3	7	4
2	6	4	7	3	8	1	5	9
8	1	3	6	2	9	7	4	5
4	5	9	8	7	3	2	1	6
7	2	6	1	4	5	8	9	3

Puzzle - 33

5	2	9	1	8	3	6	7	4
4	8	3	5	6	7	1	9	2
1	7	6	9	4	2	3	8	5
6	5	8	4	7	1	2	3	9
3	1	2	8	5	9	7	4	6
7	9	4	3	2	6	5	1	8
8	3	7	2	9	5	4	6	1
9	6	5	7	1	4	8	2	3
2	4	1	6	3	8	9	5	7

Puzzle - 34

3	2	6	8	4	7	5	1	9
9	1	4	6	2	5	7	8	3
8	7	5	9	1	3	4	2	6
6	3	1	4	7	2	9	5	8
7	5	9	1	8	6	2	3	4
2	4	8	5	3	9	1	6	7
5	6	2	7	9	8	3	4	1
4	8	7	3	5	1	6	9	2
1	9	3	2	6	4	8	7	5

Puzzle - 35

8	6	7	2	3	4	9	5	1
4	2	5	1	9	8	7	6	3
9	3	1	6	5	7	8	4	2
3	9	2	8	6	5	1	7	4
7	8	4	9	1	2	5	3	6
1	5	6	4	7	3	2	8	9
6	7	3	5	2	1	4	9	8
2	4	9	7	8	6	3	1	5
5	1	8	3	4	9	6	2	7

Puzzle - 36

8	4	1	7	5	9	6	2	3
2	9	7	8	6	3	4	5	1
5	6	3	1	2	4	7	8	9
3	8	2	4	9	6	5	1	7
6	7	4	2	1	5	3	9	8
9	1	5	3	7	8	2	6	4
4	3	9	5	8	2	1	7	6
1	2	6	9	3	7	8	4	5
7	5	8	6	4	1	9	3	2

Puzzle - 37

7	5	4	6	2	3	1	9	8
1	9	6	4	7	8	3	2	5
8	3	2	9	1	5	4	6	7
4	7	3	8	9	2	6	5	1
5	2	9	1	6	7	8	4	3
6	1	8	5	3	4	9	7	2
2	4	5	3	8	6	7	1	9
9	8	7	2	4	1	5	3	6
3	6	1	7	5	9	2	8	4

Puzzle - 38

4	3	5	9	7	1	8	2	6
7	1	8	4	6	2	5	9	3
2	9	6	5	3	8	7	4	1
5	6	1	8	4	3	2	7	9
3	2	9	6	5	7	4	1	8
8	7	4	2	1	9	3	6	5
1	5	2	3	9	4	6	8	7
9	8	3	7	2	6	1	5	4
6	4	7	1	8	5	9	3	2

Puzzle - 39

2	9	6	7	3	1	8	5	4
5	8	4	6	9	2	3	1	7
3	7	1	5	4	8	9	2	6
8	1	3	9	5	6	7	4	2
6	4	9	3	2	7	1	8	5
7	2	5	1	8	4	6	3	9
9	5	8	2	7	3	4	6	1
1	3	2	4	6	9	5	7	8
4	6	7	8	1	5	2	9	3

Puzzle - 40

1	9	2	4	7	5	8	3	6
4	3	5	9	6	8	2	1	7
8	6	7	1	2	3	5	4	9
3	8	6	5	9	7	1	2	4
2	5	4	3	1	6	7	9	8
9	7	1	8	4	2	3	6	5
6	1	3	7	5	4	9	8	2
5	4	9	2	8	1	6	7	3
7	2	8	6	3	9	4	5	1

Puzzle - 41

1	3	6	4	9	5	8	7	2
4	5	9	7	2	8	6	3	1
7	8	2	1	6	3	4	9	5
5	1	8	9	3	4	2	6	7
2	6	4	5	8	7	3	1	9
3	9	7	2	1	6	5	8	4
8	2	5	3	7	1	9	4	6
9	7	3	6	4	2	1	5	8
6	4	1	8	5	9	7	2	3

Puzzle - 42

8	6	4	2	9	7	1	3	5
1	9	7	6	3	5	2	4	8
3	5	2	4	8	1	7	9	6
4	8	1	3	7	9	6	5	2
5	7	3	8	6	2	9	1	4
6	2	9	5	1	4	3	8	7
2	4	6	1	5	3	8	7	9
7	3	5	9	2	8	4	6	1
9	1	8	7	4	6	5	2	3

Puzzle - 43

8	6	2	3	7	9	4	5	1
9	4	7	8	5	1	6	2	3
3	1	5	2	6	4	8	9	7
1	8	6	4	2	7	9	3	5
2	7	9	6	3	5	1	8	4
4	5	3	1	9	8	2	7	6
7	2	1	9	4	3	5	6	8
5	9	4	7	8	6	3	1	2
6	3	8	5	1	2	7	4	9

Puzzle - 44

4	2	1	6	8	7	9	3	5
5	9	3	4	1	2	7	8	6
8	6	7	3	5	9	2	1	4
1	8	4	2	3	5	6	7	9
6	3	2	7	9	8	4	5	1
9	7	5	1	6	4	3	2	8
2	1	6	8	4	3	5	9	7
7	5	8	9	2	6	1	4	3
3	4	9	5	7	1	8	6	2

Puzzle - 45

8	4	5	6	2	3	1	7	9
1	2	9	8	4	7	5	3	6
6	3	7	5	9	1	8	2	4
5	6	2	7	1	4	3	9	8
3	7	4	9	6	8	2	1	5
9	1	8	3	5	2	4	6	7
2	5	1	4	7	9	6	8	3
7	8	6	1	3	5	9	4	2
4	9	3	2	8	6	7	5	1

Puzzle - 46

9	7	4	5	1	2	8	3	6
3	8	2	4	6	9	5	7	1
5	1	6	7	3	8	2	4	9
2	4	1	6	8	7	3	9	5
6	3	7	2	9	5	1	8	4
8	9	5	1	4	3	6	2	7
4	5	9	8	2	6	7	1	3
7	2	3	9	5	1	4	6	8
1	6	8	3	7	4	9	5	2

Puzzle - 47

7	4	8	6	1	3	2	5	9
9	2	1	4	7	5	3	6	8
3	6	5	8	2	9	7	1	4
1	8	2	9	3	4	5	7	6
5	9	7	2	6	1	8	4	3
6	3	4	5	8	7	1	9	2
2	7	9	3	5	6	4	8	1
8	1	6	7	4	2	9	3	5
4	5	3	1	9	8	6	2	7

Puzzle - 48

9	7	6	1	3	5	4	8	2
1	8	5	2	7	4	6	3	9
3	2	4	6	8	9	1	5	7
6	3	8	9	4	7	5	2	1
5	9	7	8	1	2	3	4	6
2	4	1	3	5	6	9	7	8
4	6	3	7	9	8	2	1	5
8	1	9	5	2	3	7	6	4
7	5	2	4	6	1	8	9	3

Puzzle - 49

6	7	4	5	1	8	9	2	3
9	5	2	6	4	3	7	1	8
8	3	1	7	2	9	6	5	4
1	6	9	8	3	2	4	7	5
3	2	7	9	5	4	1	8	6
5	4	8	1	6	7	2	3	9
4	8	3	2	9	1	5	6	7
7	1	5	4	8	6	3	9	2
2	9	6	3	7	5	8	4	1

Puzzle - 50

2	3	1	6	7	4	5	8	9
5	6	8	3	1	9	7	2	4
4	7	9	5	2	8	1	3	6
6	8	5	4	9	1	3	7	2
1	9	3	2	5	7	4	6	8
7	2	4	8	3	6	9	1	5
8	1	2	9	4	3	6	5	7
3	4	6	7	8	5	2	9	1
9	5	7	1	6	2	8	4	3

Puzzle - 51

7	6	9	5	1	3	8	2	4
3	8	4	6	9	2	7	1	5
5	1	2	7	8	4	9	3	6
9	2	3	4	6	7	1	5	8
6	5	1	8	3	9	4	7	2
4	7	8	1	2	5	6	9	3
1	9	5	3	4	6	2	8	7
8	3	6	2	7	1	5	4	9
2	4	7	9	5	8	3	6	1

Puzzle - 52

8	9	4	1	7	2	5	3	6
3	5	2	6	8	4	7	9	1
7	1	6	5	3	9	4	8	2
1	4	5	3	2	8	9	6	7
2	6	3	9	5	7	8	1	4
9	8	7	4	6	1	3	2	5
6	2	9	8	4	5	1	7	3
4	7	1	2	9	3	6	5	8
5	3	8	7	1	6	2	4	9

Puzzle - 53

7	4	8	6	5	9	3	1	2
6	1	3	8	4	2	5	9	7
2	5	9	7	1	3	4	8	6
3	8	2	4	7	5	9	6	1
5	7	4	1	9	6	8	2	3
9	6	1	3	2	8	7	4	5
1	3	7	9	6	4	2	5	8
8	9	5	2	3	1	6	7	4
4	2	6	5	8	7	1	3	9

Puzzle - 54

2	4	6	5	8	3	7	1	9
5	9	8	7	2	1	4	6	3
7	3	1	6	9	4	2	5	8
4	6	7	8	1	9	5	3	2
3	2	9	4	6	5	1	8	7
1	8	5	2	3	7	9	4	6
9	7	3	1	4	8	6	2	5
8	1	2	9	5	6	3	7	4
6	5	4	3	7	2	8	9	1

Puzzle - 55

7	9	3	6	1	8	5	4	2
1	8	6	4	2	5	3	7	9
5	2	4	7	9	3	8	6	1
6	1	8	3	4	9	7	2	5
9	4	2	5	8	7	1	3	6
3	7	5	1	6	2	4	9	8
4	5	1	9	3	6	2	8	7
2	3	9	8	7	1	6	5	4
8	6	7	2	5	4	9	1	3

Puzzle - 56

2	3	6	7	8	9	1	4	5
9	4	7	6	5	1	8	2	3
1	5	8	3	2	4	9	7	6
4	8	1	2	7	5	3	6	9
6	2	5	1	9	3	4	8	7
7	9	3	4	6	8	5	1	2
3	1	2	9	4	6	7	5	8
8	7	4	5	3	2	6	9	1
5	6	9	8	1	7	2	3	4

Puzzle - 57

1	9	6	5	4	3	8	2	7
8	5	7	2	9	1	3	6	4
4	2	3	8	6	7	5	1	9
3	8	1	6	5	4	9	7	2
9	6	5	7	2	8	1	4	3
7	4	2	3	1	9	6	8	5
6	7	4	1	3	5	2	9	8
5	1	9	4	8	2	7	3	6
2	3	8	9	7	6	4	5	1

Puzzle - 58

2	3	1	5	7	4	9	6	8
7	6	5	8	1	9	4	3	2
8	9	4	6	3	2	7	5	1
1	8	9	2	4	3	6	7	5
3	4	2	7	5	6	1	8	9
5	7	6	9	8	1	3	2	4
4	2	7	3	9	5	8	1	6
9	5	8	1	6	7	2	4	3
6	1	3	4	2	8	5	9	7

Puzzle - 59

3	8	1	9	5	2	7	4	6
7	4	2	8	1	6	9	3	5
5	9	6	7	4	3	1	8	2
2	7	8	1	3	9	6	5	4
1	5	9	6	8	4	2	7	3
6	3	4	5	2	7	8	9	1
9	2	3	4	6	8	5	1	7
4	1	7	2	9	5	3	6	8
8	6	5	3	7	1	4	2	9

Puzzle - 60

4	9	3	2	8	5	6	7	1
8	1	5	7	6	9	4	3	2
2	6	7	1	3	4	8	5	9
3	5	9	6	7	2	1	4	8
6	7	8	9	4	1	5	2	3
1	4	2	8	5	3	7	9	6
5	8	4	3	2	6	9	1	7
7	2	1	5	9	8	3	6	4
9	3	6	4	1	7	2	8	5

Puzzle - 61

3	9	2	6	1	5	7	8	4
6	4	1	8	9	7	3	2	5
7	5	8	3	2	4	1	6	9
5	6	4	2	3	8	9	1	7
2	8	9	5	7	1	6	4	3
1	3	7	4	6	9	2	5	8
8	7	3	1	5	2	4	9	6
4	1	6	9	8	3	5	7	2
9	2	5	7	4	6	8	3	1

Puzzle - 62

3	7	5	8	4	2	1	9	6
9	6	8	3	7	1	4	5	2
1	4	2	9	5	6	8	3	7
2	9	4	7	6	8	3	1	5
5	3	1	2	9	4	7	6	8
6	8	7	1	3	5	2	4	9
7	1	9	5	2	3	6	8	4
8	5	6	4	1	7	9	2	3
4	2	3	6	8	9	5	7	1

Puzzle - 63

1	5	2	8	7	4	6	9	3
7	6	3	5	2	9	8	1	4
9	8	4	1	6	3	2	5	7
2	1	6	9	8	7	4	3	5
4	9	8	3	5	6	7	2	1
3	7	5	4	1	2	9	6	8
5	4	1	6	9	8	3	7	2
6	3	7	2	4	1	5	8	9
8	2	9	7	3	5	1	4	6

Puzzle - 64

6	7	2	3	8	5	4	1	9
5	1	3	6	9	4	2	8	7
9	8	4	1	7	2	3	5	6
3	4	7	2	5	8	6	9	1
1	5	9	4	6	3	8	7	2
2	6	8	9	1	7	5	4	3
7	3	6	8	4	1	9	2	5
8	2	1	5	3	9	7	6	4
4	9	5	7	2	6	1	3	8

Puzzle - 65

1	7	6	8	2	5	3	9	4
5	3	9	1	6	4	7	8	2
8	2	4	7	9	3	1	5	6
2	6	7	3	8	1	9	4	5
9	8	5	4	7	2	6	3	1
4	1	3	9	5	6	2	7	8
3	4	2	5	1	7	8	6	9
6	5	8	2	3	9	4	1	7
7	9	1	6	4	8	5	2	3

Puzzle - 66

8	5	7	6	4	1	3	2	9
9	2	4	7	8	3	5	6	1
1	6	3	5	2	9	7	8	4
3	4	1	8	7	6	9	5	2
2	9	8	1	3	5	4	7	6
6	7	5	2	9	4	8	1	3
5	1	9	3	6	7	2	4	8
4	8	6	9	5	2	1	3	7
7	3	2	4	1	8	6	9	5

Puzzle - 67

7	1	3	6	4	8	2	5	9
9	6	5	7	2	1	4	3	8
4	8	2	9	5	3	7	6	1
8	7	1	4	9	6	5	2	3
2	3	9	1	7	5	6	8	4
5	4	6	8	3	2	9	1	7
6	5	4	3	1	7	8	9	2
3	2	7	5	8	9	1	4	6
1	9	8	2	6	4	3	7	5

Puzzle - 68

5	8	2	6	7	4	3	9	1
1	4	3	8	9	5	2	7	6
6	9	7	2	3	1	8	5	4
2	6	4	5	8	7	9	1	3
9	7	1	3	4	2	5	6	8
3	5	8	1	6	9	4	2	7
7	3	6	9	5	8	1	4	2
4	2	9	7	1	3	6	8	5
8	1	5	4	2	6	7	3	9

Puzzle - 69

4	5	7	6	9	1	3	8	2
2	6	3	4	5	8	1	7	9
9	8	1	2	3	7	5	4	6
7	3	8	1	4	6	2	9	5
6	4	2	5	7	9	8	1	3
5	1	9	3	8	2	4	6	7
8	7	5	9	2	4	6	3	1
1	2	4	7	6	3	9	5	8
3	9	6	8	1	5	7	2	4

Puzzle - 70

4	8	6	9	2	3	1	7	5
1	9	2	4	5	7	8	3	6
3	7	5	6	1	8	9	2	4
6	5	4	3	9	1	7	8	2
8	2	9	5	7	6	4	1	3
7	1	3	8	4	2	6	5	9
2	6	7	1	3	4	5	9	8
5	3	8	7	6	9	2	4	1
9	4	1	2	8	5	3	6	7

Puzzle - 71

7	1	8	4	3	2	9	6	5
3	2	4	6	5	9	8	1	7
9	5	6	8	7	1	2	4	3
4	6	2	3	1	5	7	8	9
8	7	3	2	9	4	1	5	6
5	9	1	7	6	8	4	3	2
1	8	9	5	2	3	6	7	4
2	3	7	1	4	6	5	9	8
6	4	5	9	8	7	3	2	1

Puzzle - 72

6	5	9	8	4	7	3	2	1
8	2	3	5	6	1	7	9	4
7	1	4	9	2	3	8	5	6
5	6	7	4	1	9	2	8	3
2	9	1	3	7	8	4	6	5
3	4	8	6	5	2	9	1	7
9	8	6	1	3	4	5	7	2
4	7	5	2	9	6	1	3	8
1	3	2	7	8	5	6	4	9

Puzzle - 73

7	4	3	2	5	6	9	8	1
8	6	1	3	9	7	4	5	2
9	5	2	4	8	1	3	7	6
2	9	4	5	1	3	7	6	8
6	1	5	8	7	4	2	9	3
3	7	8	6	2	9	5	1	4
4	8	9	7	6	2	1	3	5
5	2	7	1	3	8	6	4	9
1	3	6	9	4	5	8	2	7

Puzzle - 74

6	9	8	3	4	7	1	5	2
2	3	4	1	6	5	9	7	8
5	7	1	9	8	2	4	6	3
8	1	6	4	3	9	5	2	7
3	2	9	7	5	6	8	4	1
7	4	5	8	2	1	3	9	6
1	8	7	2	9	4	6	3	5
4	5	2	6	1	3	7	8	9
9	6	3	5	7	8	2	1	4

Puzzle - 75

4	9	7	6	2	3	8	5	1
2	3	5	4	8	1	7	6	9
6	8	1	7	5	9	2	4	3
1	7	6	2	3	8	5	9	4
9	2	3	1	4	5	6	8	7
5	4	8	9	6	7	1	3	2
3	1	9	8	7	6	4	2	5
7	6	2	5	9	4	3	1	8
8	5	4	3	1	2	9	7	6

Puzzle - 76

9	5	3	1	2	8	7	4	6
6	8	1	3	4	7	5	2	9
7	4	2	5	6	9	1	8	3
4	9	7	8	1	5	6	3	2
1	3	6	2	9	4	8	7	5
8	2	5	6	7	3	4	9	1
3	7	4	9	5	6	2	1	8
2	6	8	4	3	1	9	5	7
5	1	9	7	8	2	3	6	4

Puzzle - 77

6	5	1	8	9	4	2	3	7
4	8	7	1	3	2	9	5	6
3	9	2	7	6	5	4	1	8
7	6	8	4	2	1	3	9	5
1	4	9	6	5	3	8	7	2
5	2	3	9	8	7	6	4	1
2	3	4	5	7	6	1	8	9
8	7	6	3	1	9	5	2	4
9	1	5	2	4	8	7	6	3

Puzzle - 78

4	8	1	2	9	7	5	6	3
9	6	2	3	8	5	1	7	4
3	7	5	1	6	4	2	9	8
8	1	7	6	5	9	4	3	2
5	2	4	8	7	3	9	1	6
6	9	3	4	2	1	7	8	5
2	3	9	5	1	8	6	4	7
1	5	8	7	4	6	3	2	9
7	4	6	9	3	2	8	5	1

Puzzle - 79

7	3	8	1	6	4	9	5	2
4	6	9	7	2	5	1	8	3
5	1	2	8	3	9	7	4	6
1	7	3	4	8	2	6	9	5
9	8	6	3	5	7	2	1	4
2	4	5	9	1	6	3	7	8
3	2	4	5	9	1	8	6	7
6	5	1	2	7	8	4	3	9
8	9	7	6	4	3	5	2	1

Puzzle - 80

4	5	1	8	6	2	3	7	9
9	6	8	4	7	3	5	2	1
2	7	3	9	1	5	6	4	8
1	4	2	7	8	6	9	5	3
5	8	9	2	3	4	1	6	7
6	3	7	1	5	9	4	8	2
3	1	4	5	2	8	7	9	6
8	9	6	3	4	7	2	1	5
7	2	5	6	9	1	8	3	4

Puzzle - 81

6	8	2	5	9	1	7	4	3
4	7	3	2	8	6	5	1	9
9	1	5	4	7	3	6	8	2
5	9	7	8	3	2	1	6	4
8	2	1	7	6	4	3	9	5
3	4	6	1	5	9	2	7	8
7	5	4	6	2	8	9	3	1
1	6	9	3	4	5	8	2	7
2	3	8	9	1	7	4	5	6

Puzzle - 82

5	8	2	7	3	4	1	6	9
6	7	1	2	5	9	4	8	3
9	4	3	1	6	8	7	5	2
8	3	5	4	9	2	6	1	7
2	9	4	6	1	7	8	3	5
1	6	7	3	8	5	9	2	4
7	2	6	8	4	3	5	9	1
4	1	9	5	2	6	3	7	8
3	5	8	9	7	1	2	4	6

Puzzle - 83

6	8	7	2	1	4	3	5	9
4	1	9	6	3	5	8	2	7
3	2	5	8	9	7	4	1	6
5	6	1	3	2	8	7	9	4
7	4	3	5	6	9	2	8	1
8	9	2	7	4	1	6	3	5
2	3	4	1	5	6	9	7	8
9	5	8	4	7	3	1	6	2
1	7	6	9	8	2	5	4	3

Puzzle - 84

4	9	7	1	8	3	2	6	5
2	3	8	9	5	6	7	1	4
6	1	5	2	7	4	8	3	9
1	8	9	7	2	5	3	4	6
7	5	4	3	6	8	9	2	1
3	6	2	4	1	9	5	7	8
5	4	6	8	3	7	1	9	2
9	2	3	5	4	1	6	8	7
8	7	1	6	9	2	4	5	3

Puzzle - 85

7	2	6	5	9	3	4	8	1
1	5	3	6	8	4	2	7	9
8	4	9	1	7	2	6	3	5
4	8	5	7	2	9	3	1	6
6	7	2	3	4	1	9	5	8
9	3	1	8	6	5	7	2	4
2	9	8	4	5	7	1	6	3
3	6	4	2	1	8	5	9	7
5	1	7	9	3	6	8	4	2

Puzzle - 86

6	1	4	9	5	2	3	8	7
8	7	9	1	4	3	6	5	2
5	2	3	7	8	6	4	1	9
2	4	1	3	6	5	7	9	8
9	5	7	4	1	8	2	3	6
3	8	6	2	7	9	5	4	1
1	3	5	6	9	7	8	2	4
4	6	8	5	2	1	9	7	3
7	9	2	8	3	4	1	6	5

Puzzle - 87

2	1	7	8	6	4	5	9	3
9	5	8	3	2	1	4	7	6
6	4	3	5	9	7	1	2	8
5	3	9	6	7	8	2	4	1
4	2	1	9	5	3	6	8	7
7	8	6	1	4	2	3	5	9
1	6	5	4	8	9	7	3	2
3	9	2	7	1	5	8	6	4
8	7	4	2	3	6	9	1	5

Puzzle - 88

5	1	4	2	8	9	3	6	7
2	7	9	5	6	3	4	1	8
3	8	6	1	4	7	5	9	2
8	2	7	4	9	5	6	3	1
9	6	5	7	3	1	2	8	4
4	3	1	6	2	8	7	5	9
1	4	2	9	5	6	8	7	3
6	9	3	8	7	2	1	4	5
7	5	8	3	1	4	9	2	6

Puzzle - 89

7	9	8	1	6	5	4	3	2
5	2	4	7	9	3	1	8	6
1	3	6	4	8	2	9	5	7
8	1	7	3	4	6	5	2	9
3	6	2	8	5	9	7	1	4
9	4	5	2	7	1	8	6	3
6	7	3	5	1	4	2	9	8
2	8	1	9	3	7	6	4	5
4	5	9	6	2	8	3	7	1

Puzzle - 90

7	9	8	3	5	6	1	4	2
5	1	4	8	2	9	3	6	7
2	6	3	7	4	1	5	8	9
4	2	6	1	8	5	7	9	3
1	7	5	4	9	3	8	2	6
3	8	9	2	6	7	4	5	1
6	3	2	5	1	8	9	7	4
9	5	1	6	7	4	2	3	8
8	4	7	9	3	2	6	1	5

Puzzle - 91

1	3	4	6	2	5	9	7	8
2	8	5	1	7	9	3	4	6
6	7	9	4	3	8	1	5	2
7	6	2	9	1	4	8	3	5
4	1	8	7	5	3	6	2	9
5	9	3	8	6	2	4	1	7
3	4	6	2	8	7	5	9	1
9	2	1	5	4	6	7	8	3
8	5	7	3	9	1	2	6	4

Puzzle - 92

4	5	9	8	7	2	3	1	6
1	8	6	3	5	9	2	7	4
3	2	7	6	1	4	9	8	5
2	4	3	9	6	7	1	5	8
8	7	5	1	4	3	6	2	9
9	6	1	2	8	5	4	3	7
5	9	4	7	2	1	8	6	3
6	3	2	5	9	8	7	4	1
7	1	8	4	3	6	5	9	2

Puzzle - 93

1	8	4	5	6	2	9	3	7
5	7	6	9	4	3	8	2	1
3	2	9	7	1	8	6	4	5
7	1	3	4	5	6	2	9	8
6	4	5	2	8	9	1	7	3
2	9	8	1	3	7	4	5	6
4	6	2	3	7	1	5	8	9
9	3	1	8	2	5	7	6	4
8	5	7	6	9	4	3	1	2

Puzzle - 94

5	9	1	7	2	3	4	8	6
8	4	3	9	6	5	2	7	1
7	6	2	4	8	1	3	5	9
9	5	6	3	1	8	7	4	2
1	8	7	6	4	2	9	3	5
3	2	4	5	7	9	6	1	8
2	1	9	8	3	7	5	6	4
4	7	8	2	5	6	1	9	3
6	3	5	1	9	4	8	2	7

Puzzle - 95

7	5	3	6	1	9	2	4	8
9	1	4	2	5	8	7	6	3
6	2	8	4	3	7	9	5	1
2	7	6	1	4	5	8	3	9
8	4	9	3	7	6	1	2	5
1	3	5	8	9	2	6	7	4
5	9	2	7	8	3	4	1	6
4	8	7	5	6	1	3	9	2
3	6	1	9	2	4	5	8	7

Puzzle - 96

2	5	1	9	3	6	4	8	7
9	4	3	7	2	8	6	1	5
8	6	7	4	1	5	3	2	9
5	9	4	3	8	2	7	6	1
1	7	6	5	4	9	2	3	8
3	8	2	1	6	7	5	9	4
7	3	9	2	5	1	8	4	6
4	1	8	6	7	3	9	5	2
6	2	5	8	9	4	1	7	3

Puzzle - 97

2	4	8	7	3	6	9	5	1
7	5	3	8	1	9	4	6	2
6	1	9	4	5	2	8	3	7
5	9	7	3	6	8	2	1	4
8	6	4	9	2	1	5	7	3
3	2	1	5	7	4	6	8	9
4	3	5	2	8	7	1	9	6
9	7	6	1	4	5	3	2	8
1	8	2	6	9	3	7	4	5

Puzzle - 98

4	9	6	7	5	2	8	3	1
7	5	2	8	1	3	6	4	9
8	3	1	6	4	9	5	2	7
6	7	8	4	9	1	3	5	2
3	4	9	2	8	5	7	1	6
1	2	5	3	7	6	4	9	8
2	1	7	5	6	4	9	8	3
5	8	3	9	2	7	1	6	4
9	6	4	1	3	8	2	7	5

Puzzle - 99

7	1	4	5	8	9	2	6	3
2	6	3	1	4	7	9	5	8
5	9	8	2	3	6	1	4	7
4	7	2	3	6	8	5	9	1
1	5	6	9	7	2	3	8	4
8	3	9	4	5	1	7	2	6
6	2	1	8	9	3	4	7	5
9	4	7	6	1	5	8	3	2
3	8	5	7	2	4	6	1	9

Puzzle - 100

5	1	3	6	7	4	8	9	2
4	8	7	5	2	9	6	3	1
9	6	2	3	1	8	4	7	5
2	7	4	8	6	1	3	5	9
6	3	5	9	4	7	1	2	8
1	9	8	2	5	3	7	6	4
8	2	1	7	9	6	5	4	3
7	4	9	1	3	5	2	8	6
3	5	6	4	8	2	9	1	7

Puzzle - 101

9	7	1	2	6	8	4	3	5
8	4	5	3	9	1	2	6	7
3	2	6	7	4	5	9	8	1
6	9	8	1	7	4	5	2	3
2	3	7	9	5	6	1	4	8
5	1	4	8	2	3	6	7	9
1	8	2	4	3	9	7	5	6
4	5	9	6	8	7	3	1	2
7	6	3	5	1	2	8	9	4

Puzzle - 102

8	2	9	6	3	5	4	1	7
1	6	7	8	4	2	3	5	9
3	4	5	9	1	7	8	6	2
9	7	1	2	5	3	6	4	8
6	5	8	1	9	4	2	7	3
2	3	4	7	8	6	5	9	1
4	1	6	3	2	9	7	8	5
7	8	3	5	6	1	9	2	4
5	9	2	4	7	8	1	3	6

Puzzle - 103

1	5	4	6	7	2	9	3	8
8	6	7	1	9	3	4	2	5
3	2	9	5	4	8	1	7	6
6	8	1	3	5	7	2	4	9
7	9	5	2	8	4	6	1	3
2	4	3	9	6	1	5	8	7
5	1	2	7	3	9	8	6	4
4	3	6	8	2	5	7	9	1
9	7	8	4	1	6	3	5	2

Puzzle - 104

3	9	2	7	4	5	6	8	1
6	5	8	1	3	2	4	7	9
4	1	7	8	9	6	3	2	5
9	6	3	2	5	4	8	1	7
2	8	4	6	1	7	5	9	3
5	7	1	3	8	9	2	6	4
8	3	5	9	6	1	7	4	2
7	4	9	5	2	8	1	3	6
1	2	6	4	7	3	9	5	8

Puzzle - 105

2	4	6	8	3	5	9	7	1
9	8	3	4	1	7	2	5	6
5	7	1	2	9	6	3	4	8
6	9	8	5	7	4	1	2	3
7	1	2	9	8	3	4	6	5
4	3	5	1	6	2	7	8	9
3	5	9	7	2	8	6	1	4
8	6	7	3	4	1	5	9	2
1	2	4	6	5	9	8	3	7

Puzzle - 106

8	2	5	1	4	6	9	7	3
6	7	1	5	3	9	8	4	2
3	4	9	7	8	2	5	1	6
2	5	4	8	7	1	6	3	9
1	6	7	3	9	5	4	2	8
9	8	3	2	6	4	7	5	1
4	3	2	6	5	8	1	9	7
7	9	8	4	1	3	2	6	5
5	1	6	9	2	7	3	8	4

Puzzle - 107

5	9	4	6	2	3	7	8	1
7	6	3	9	1	8	5	2	4
8	2	1	4	7	5	9	6	3
2	7	9	3	4	6	1	5	8
1	8	6	5	9	7	3	4	2
4	3	5	2	8	1	6	9	7
6	4	8	1	3	9	2	7	5
9	1	7	8	5	2	4	3	6
3	5	2	7	6	4	8	1	9

Puzzle - 108

1	7	4	9	8	5	2	6	3
6	8	9	7	2	3	4	1	5
3	5	2	4	6	1	7	9	8
7	6	5	1	9	8	3	2	4
4	3	1	6	5	2	9	8	7
2	9	8	3	4	7	1	5	6
5	2	7	8	3	9	6	4	1
9	4	3	5	1	6	8	7	2
8	1	6	2	7	4	5	3	9

Puzzle - 109

9	8	1	7	4	3	6	5	2
4	6	3	2	1	5	9	8	7
2	7	5	8	6	9	4	3	1
5	3	6	4	9	7	2	1	8
7	9	4	1	8	2	5	6	3
1	2	8	3	5	6	7	9	4
6	4	2	9	3	8	1	7	5
8	5	7	6	2	1	3	4	9
3	1	9	5	7	4	8	2	6

Puzzle - 110

6	7	5	3	1	8	4	9	2
2	1	8	9	5	4	7	6	3
3	9	4	7	6	2	5	1	8
8	6	7	5	9	1	2	3	4
5	3	2	8	4	6	1	7	9
9	4	1	2	3	7	8	5	6
7	2	3	6	8	5	9	4	1
1	8	9	4	7	3	6	2	5
4	5	6	1	2	9	3	8	7

Puzzle - 111

5	9	3	6	7	2	1	4	8
6	4	7	9	1	8	2	5	3
1	2	8	3	5	4	6	7	9
3	5	2	7	9	1	8	6	4
4	7	9	2	8	6	5	3	1
8	1	6	4	3	5	7	9	2
2	3	4	1	6	7	9	8	5
9	6	5	8	2	3	4	1	7
7	8	1	5	4	9	3	2	6

Puzzle - 112

5	3	6	8	2	4	7	9	1
2	8	1	3	9	7	6	5	4
4	9	7	6	1	5	3	2	8
3	1	2	9	8	6	4	7	5
6	7	9	5	4	3	8	1	2
8	5	4	2	7	1	9	3	6
1	4	5	7	6	9	2	8	3
9	6	8	1	3	2	5	4	7
7	2	3	4	5	8	1	6	9

Puzzle - 113

7	6	2	8	4	3	5	1	9
5	9	3	6	7	1	8	2	4
8	4	1	2	5	9	7	3	6
3	7	9	5	2	4	6	8	1
2	1	6	9	3	8	4	5	7
4	8	5	1	6	7	3	9	2
9	3	7	4	1	5	2	6	8
6	5	8	7	9	2	1	4	3
1	2	4	3	8	6	9	7	5

Puzzle - 114

8	2	5	9	3	6	4	7	1
6	1	9	5	7	4	3	8	2
4	3	7	1	8	2	9	6	5
3	9	1	4	2	8	7	5	6
7	8	4	3	6	5	2	1	9
5	6	2	7	1	9	8	4	3
9	5	6	2	4	7	1	3	8
1	4	8	6	9	3	5	2	7
2	7	3	8	5	1	6	9	4

Puzzle - 115

8	1	3	7	5	2	4	6	9
9	6	2	8	1	4	3	7	5
4	5	7	6	3	9	2	1	8
3	2	8	1	7	6	9	5	4
6	7	5	9	4	3	1	8	2
1	4	9	5	2	8	6	3	7
2	9	6	3	8	5	7	4	1
5	3	1	4	9	7	8	2	6
7	8	4	2	6	1	5	9	3

Puzzle - 116

6	7	2	8	5	3	9	1	4
9	5	1	2	7	4	6	8	3
3	8	4	9	1	6	7	5	2
7	6	8	5	9	2	3	4	1
1	2	9	4	3	7	5	6	8
4	3	5	1	6	8	2	9	7
2	9	7	6	8	1	4	3	5
8	4	6	3	2	5	1	7	9
5	1	3	7	4	9	8	2	6

Puzzle - 117

8	2	5	7	6	3	9	1	4
6	4	1	8	2	9	3	7	5
9	7	3	4	1	5	6	2	8
3	1	8	6	4	7	2	5	9
5	9	2	1	3	8	4	6	7
7	6	4	9	5	2	8	3	1
2	8	7	5	9	6	1	4	3
4	3	9	2	7	1	5	8	6
1	5	6	3	8	4	7	9	2

Puzzle - 118

8	7	9	5	2	4	3	1	6
1	6	3	7	9	8	4	2	5
2	5	4	3	1	6	7	9	8
9	4	2	1	6	5	8	3	7
3	1	7	8	4	2	6	5	9
5	8	6	9	7	3	2	4	1
6	2	1	4	8	9	5	7	3
7	3	8	2	5	1	9	6	4
4	9	5	6	3	7	1	8	2

Puzzle - 119

4	8	3	9	1	6	2	7	5
2	6	1	8	7	5	3	9	4
7	9	5	4	3	2	8	1	6
9	7	2	1	6	3	5	4	8
1	3	6	5	4	8	7	2	9
5	4	8	7	2	9	6	3	1
6	1	9	2	8	7	4	5	3
3	5	7	6	9	4	1	8	2
8	2	4	3	5	1	9	6	7

Puzzle - 120

9	5	3	8	7	1	4	2	6
2	1	6	5	4	3	7	9	8
8	4	7	2	6	9	5	1	3
7	8	1	4	3	5	9	6	2
4	3	5	9	2	6	1	8	7
6	9	2	7	1	8	3	5	4
5	7	4	6	9	2	8	3	1
1	2	8	3	5	7	6	4	9
3	6	9	1	8	4	2	7	5

Puzzle - 121

4	5	6	9	7	3	2	1	8
9	3	2	8	5	1	6	4	7
7	1	8	2	6	4	9	5	3
1	7	4	3	9	6	5	8	2
2	9	5	7	4	8	1	3	6
6	8	3	1	2	5	7	9	4
5	4	9	6	8	7	3	2	1
8	6	1	5	3	2	4	7	9
3	2	7	4	1	9	8	6	5

Puzzle - 122

7	3	9	1	8	6	2	4	5
2	1	6	4	9	5	7	3	8
8	4	5	3	7	2	9	6	1
9	2	8	6	3	4	1	5	7
4	7	3	9	5	1	8	2	6
6	5	1	8	2	7	3	9	4
5	6	7	2	1	3	4	8	9
1	9	2	5	4	8	6	7	3
3	8	4	7	6	9	5	1	2

Puzzle - 123

7	8	6	1	4	9	3	5	2
4	5	9	8	3	2	1	7	6
3	2	1	7	5	6	4	9	8
2	1	7	9	6	3	8	4	5
8	6	5	4	2	1	9	3	7
9	4	3	5	7	8	2	6	1
1	7	4	2	9	5	6	8	3
5	3	2	6	8	4	7	1	9
6	9	8	3	1	7	5	2	4

Puzzle - 124

3	6	9	5	8	1	4	2	7
2	4	5	6	7	9	3	1	8
7	1	8	4	3	2	6	9	5
6	7	3	1	9	5	2	8	4
5	8	1	7	2	4	9	3	6
4	9	2	8	6	3	5	7	1
9	5	6	2	1	7	8	4	3
8	3	7	9	4	6	1	5	2
1	2	4	3	5	8	7	6	9

Puzzle - 125

7	8	9	3	5	2	4	1	6
3	1	4	9	6	7	5	8	2
6	5	2	1	4	8	9	3	7
4	7	5	6	3	9	1	2	8
2	9	3	4	8	1	7	6	5
1	6	8	2	7	5	3	4	9
8	4	6	7	9	3	2	5	1
5	2	7	8	1	4	6	9	3
9	3	1	5	2	6	8	7	4

Puzzle - 126

8	5	3	1	2	9	4	6	7
2	6	9	5	4	7	8	3	1
4	7	1	3	6	8	2	9	5
3	1	8	7	9	5	6	4	2
5	9	4	6	3	2	1	7	8
6	2	7	4	8	1	9	5	3
9	3	5	2	1	4	7	8	6
1	4	6	8	7	3	5	2	9
7	8	2	9	5	6	3	1	4

Puzzle - 127

7	1	8	4	6	9	2	3	5
5	9	3	2	7	1	4	8	6
6	4	2	3	5	8	1	9	7
2	8	4	7	9	5	3	6	1
3	6	7	8	1	4	9	5	2
1	5	9	6	2	3	7	4	8
9	2	1	5	4	6	8	7	3
8	7	6	9	3	2	5	1	4
4	3	5	1	8	7	6	2	9

Puzzle - 128

6	4	1	9	3	5	8	7	2
5	9	2	1	8	7	6	3	4
7	3	8	4	6	2	5	1	9
1	2	4	6	9	3	7	5	8
3	6	5	8	7	4	9	2	1
9	8	7	5	2	1	3	4	6
8	7	3	2	4	9	1	6	5
2	1	6	3	5	8	4	9	7
4	5	9	7	1	6	2	8	3

Puzzle - 129

7	8	3	6	1	9	4	5	2
1	5	4	8	7	2	9	3	6
6	9	2	5	3	4	8	7	1
2	6	8	9	5	1	7	4	3
4	3	9	2	6	7	5	1	8
5	7	1	4	8	3	6	2	9
8	4	7	3	2	6	1	9	5
9	2	5	1	4	8	3	6	7
3	1	6	7	9	5	2	8	4

Puzzle - 130

6	8	5	1	2	4	7	3	9
2	7	9	6	8	3	1	4	5
4	3	1	5	7	9	8	6	2
9	4	8	7	6	5	3	2	1
7	1	6	2	3	8	5	9	4
3	5	2	9	4	1	6	8	7
5	6	4	3	9	7	2	1	8
1	9	3	8	5	2	4	7	6
8	2	7	4	1	6	9	5	3

Puzzle - 131

4	8	3	1	6	2	5	9	7
1	2	7	8	9	5	4	6	3
5	9	6	7	4	3	1	8	2
9	1	4	3	5	7	6	2	8
7	5	2	9	8	6	3	1	4
3	6	8	4	2	1	7	5	9
2	7	5	6	3	9	8	4	1
8	3	9	5	1	4	2	7	6
6	4	1	2	7	8	9	3	5

Puzzle - 132

7	9	3	5	4	6	1	8	2
2	5	6	9	1	8	3	4	7
1	4	8	3	2	7	9	5	6
6	1	9	4	7	5	8	2	3
8	2	7	6	9	3	4	1	5
4	3	5	2	8	1	6	7	9
5	6	2	8	3	4	7	9	1
3	7	4	1	5	9	2	6	8
9	8	1	7	6	2	5	3	4

Puzzle - 133

4	1	9	3	7	8	5	6	2
6	3	2	5	9	4	1	7	8
5	8	7	1	2	6	3	9	4
7	5	1	4	3	9	2	8	6
8	9	4	2	6	1	7	3	5
2	6	3	8	5	7	9	4	1
1	2	6	9	4	3	8	5	7
3	7	5	6	8	2	4	1	9
9	4	8	7	1	5	6	2	3

Puzzle - 134

5	6	9	7	8	3	2	1	4
2	7	3	4	9	1	5	6	8
1	8	4	5	6	2	7	3	9
9	5	6	1	7	4	3	8	2
8	3	2	9	5	6	4	7	1
7	4	1	3	2	8	6	9	5
6	9	5	2	1	7	8	4	3
3	2	7	8	4	9	1	5	6
4	1	8	6	3	5	9	2	7

Puzzle - 135

4	7	3	5	6	1	9	2	8
1	5	8	2	7	9	3	4	6
9	2	6	8	4	3	5	7	1
8	3	4	6	9	5	7	1	2
6	9	7	1	2	4	8	3	5
5	1	2	3	8	7	6	9	4
7	8	1	9	5	2	4	6	3
2	6	9	4	3	8	1	5	7
3	4	5	7	1	6	2	8	9

Puzzle - 136

5	7	6	4	8	1	3	9	2
4	9	2	5	6	3	7	8	1
8	3	1	7	9	2	4	5	6
2	6	5	8	7	9	1	4	3
9	1	7	3	5	4	6	2	8
3	8	4	2	1	6	5	7	9
6	5	3	9	4	8	2	1	7
1	4	8	6	2	7	9	3	5
7	2	9	1	3	5	8	6	4

Puzzle - 137

7	2	8	1	5	9	6	4	3
6	5	4	8	3	2	1	7	9
1	9	3	6	4	7	2	8	5
4	8	5	3	2	1	9	6	7
9	6	2	4	7	5	8	3	1
3	7	1	9	6	8	4	5	2
8	3	7	2	9	4	5	1	6
5	4	9	7	1	6	3	2	8
2	1	6	5	8	3	7	9	4

Puzzle - 138

6	5	7	1	8	4	3	9	2
3	2	9	7	5	6	8	4	1
1	8	4	2	9	3	5	6	7
2	7	6	9	4	8	1	5	3
9	4	3	5	7	1	2	8	6
8	1	5	3	6	2	9	7	4
5	3	8	6	1	7	4	2	9
4	6	1	8	2	9	7	3	5
7	9	2	4	3	5	6	1	8

Puzzle - 139

9	2	3	8	4	6	5	1	7
8	4	6	1	5	7	2	3	9
7	1	5	3	9	2	6	4	8
4	3	9	2	1	5	7	8	6
6	7	8	9	3	4	1	5	2
2	5	1	6	7	8	3	9	4
5	6	4	7	8	3	9	2	1
3	9	7	4	2	1	8	6	5
1	8	2	5	6	9	4	7	3

Puzzle - 140

7	3	4	9	2	8	1	6	5
1	5	6	7	4	3	8	2	9
9	8	2	6	5	1	4	3	7
5	2	3	4	6	9	7	8	1
8	7	9	2	1	5	6	4	3
4	6	1	8	3	7	5	9	2
3	9	7	1	8	4	2	5	6
2	4	5	3	7	6	9	1	8
6	1	8	5	9	2	3	7	4

Puzzle - 141

5	1	8	2	3	4	6	9	7
6	7	3	5	9	8	2	1	4
2	4	9	6	7	1	3	5	8
4	9	5	7	6	3	1	8	2
7	8	1	9	4	2	5	6	3
3	2	6	1	8	5	4	7	9
1	5	7	3	2	9	8	4	6
9	3	4	8	5	6	7	2	1
8	6	2	4	1	7	9	3	5

Puzzle - 142

3	5	7	6	9	2	4	1	8
4	2	9	8	7	1	3	6	5
1	8	6	4	5	3	7	9	2
5	7	2	3	4	6	1	8	9
9	1	3	5	8	7	2	4	6
8	6	4	2	1	9	5	7	3
2	3	1	9	6	4	8	5	7
6	4	5	7	2	8	9	3	1
7	9	8	1	3	5	6	2	4

Puzzle - 143

5	8	1	6	9	7	2	3	4
2	7	3	1	8	4	5	9	6
6	4	9	2	5	3	1	8	7
1	9	2	3	4	8	7	6	5
4	3	6	5	7	2	8	1	9
8	5	7	9	6	1	3	4	2
9	2	8	7	1	6	4	5	3
7	1	5	4	3	9	6	2	8
3	6	4	8	2	5	9	7	1

Puzzle - 144

8	6	4	3	7	1	5	2	9
3	1	7	9	5	2	4	6	8
9	5	2	4	8	6	7	3	1
6	2	8	1	3	7	9	5	4
1	4	5	6	2	9	3	8	7
7	9	3	8	4	5	2	1	6
2	7	6	5	9	8	1	4	3
4	8	9	2	1	3	6	7	5
5	3	1	7	6	4	8	9	2

Puzzle - 145

2	1	9	6	3	7	4	5	8
6	5	8	1	4	2	3	7	9
3	7	4	8	9	5	1	6	2
7	4	6	5	2	1	8	9	3
1	9	5	3	7	8	2	4	6
8	2	3	4	6	9	5	1	7
9	8	2	7	1	4	6	3	5
4	3	7	2	5	6	9	8	1
5	6	1	9	8	3	7	2	4

Puzzle - 146

9	2	8	3	5	4	6	7	1
6	7	3	8	9	1	4	2	5
5	4	1	2	7	6	8	3	9
3	9	5	6	8	7	1	4	2
8	6	2	4	1	3	5	9	7
7	1	4	9	2	5	3	6	8
1	8	6	7	3	9	2	5	4
2	3	7	5	4	8	9	1	6
4	5	9	1	6	2	7	8	3

Puzzle - 147

5	1	9	4	2	3	7	8	6
3	6	2	5	8	7	9	4	1
4	8	7	6	1	9	3	5	2
7	4	8	1	6	5	2	3	9
1	2	3	8	9	4	6	7	5
9	5	6	3	7	2	4	1	8
2	7	5	9	4	8	1	6	3
6	3	4	2	5	1	8	9	7
8	9	1	7	3	6	5	2	4

Puzzle - 148

7	3	2	1	6	5	4	9	8
1	5	6	4	8	9	3	2	7
4	9	8	2	3	7	1	5	6
6	1	7	3	5	2	8	4	9
3	4	5	8	9	1	7	6	2
2	8	9	6	7	4	5	1	3
5	6	4	7	2	3	9	8	1
8	7	1	9	4	6	2	3	5
9	2	3	5	1	8	6	7	4

Puzzle - 149

3	5	9	2	8	4	1	6	7
7	8	6	3	9	1	4	2	5
4	1	2	6	5	7	8	3	9
2	3	5	1	6	9	7	4	8
6	9	4	5	7	8	3	1	2
8	7	1	4	3	2	9	5	6
5	2	7	9	4	3	6	8	1
9	6	3	8	1	5	2	7	4
1	4	8	7	2	6	5	9	3

Puzzle - 150

7	6	3	2	1	8	4	5	9
2	1	9	7	4	5	6	8	3
4	8	5	9	6	3	7	2	1
5	4	1	3	2	6	9	7	8
8	9	6	5	7	1	3	4	2
3	2	7	8	9	4	1	6	5
1	7	2	4	8	9	5	3	6
6	5	8	1	3	7	2	9	4
9	3	4	6	5	2	8	1	7

Puzzle - 151

3	7	2	8	1	9	4	5	6
9	6	5	2	3	4	7	1	8
1	4	8	6	7	5	9	2	3
2	3	7	1	8	6	5	4	9
8	1	4	5	9	3	2	6	7
5	9	6	4	2	7	8	3	1
4	8	3	7	6	2	1	9	5
7	5	9	3	4	1	6	8	2
6	2	1	9	5	8	3	7	4

Puzzle - 152

9	6	2	8	4	3	7	1	5
1	8	5	9	2	7	4	6	3
4	7	3	1	5	6	9	2	8
5	1	8	4	9	2	6	3	7
2	3	6	5	7	1	8	4	9
7	9	4	6	3	8	2	5	1
3	5	9	7	6	4	1	8	2
8	4	7	2	1	5	3	9	6
6	2	1	3	8	9	5	7	4

Puzzle - 153

1	2	8	9	5	6	4	7	3
7	5	4	1	3	8	6	2	9
9	3	6	2	4	7	1	5	8
6	7	9	8	1	4	2	3	5
8	4	3	5	7	2	9	6	1
5	1	2	3	6	9	7	8	4
4	9	5	6	2	3	8	1	7
3	6	7	4	8	1	5	9	2
2	8	1	7	9	5	3	4	6

Puzzle - 154

1	5	4	9	6	7	3	2	8
9	3	6	5	8	2	7	4	1
8	2	7	1	3	4	5	6	9
6	4	3	2	5	1	8	9	7
2	1	5	8	7	9	6	3	4
7	8	9	6	4	3	2	1	5
4	9	8	7	2	6	1	5	3
3	7	2	4	1	5	9	8	6
5	6	1	3	9	8	4	7	2

Puzzle - 155

6	7	1	3	2	5	8	4	9
9	4	3	7	8	6	5	2	1
8	2	5	1	4	9	6	3	7
7	5	9	8	3	2	4	1	6
3	6	4	9	7	1	2	5	8
2	1	8	5	6	4	7	9	3
5	9	2	6	1	7	3	8	4
4	8	6	2	9	3	1	7	5
1	3	7	4	5	8	9	6	2

Puzzle - 156

4	5	6	2	7	8	9	1	3
2	3	8	6	9	1	5	7	4
9	1	7	3	4	5	6	8	2
8	4	5	1	6	2	7	3	9
3	9	1	7	5	4	8	2	6
6	7	2	8	3	9	1	4	5
5	6	3	4	8	7	2	9	1
1	8	4	9	2	6	3	5	7
7	2	9	5	1	3	4	6	8

Puzzle - 157

7	3	2	9	4	5	1	6	8
8	6	1	7	3	2	5	9	4
4	5	9	6	1	8	7	3	2
2	8	3	1	7	6	4	5	9
9	1	5	2	8	4	3	7	6
6	7	4	3	5	9	8	2	1
5	9	7	8	2	1	6	4	3
1	4	6	5	9	3	2	8	7
3	2	8	4	6	7	9	1	5

Puzzle - 158

3	7	1	9	6	5	8	2	4
9	5	2	8	4	3	6	1	7
4	8	6	2	7	1	9	5	3
2	6	5	3	1	9	7	4	8
7	1	3	6	8	4	5	9	2
8	4	9	5	2	7	1	3	6
6	3	7	1	5	2	4	8	9
5	9	8	4	3	6	2	7	1
1	2	4	7	9	8	3	6	5

Puzzle - 159

8	9	2	7	5	3	4	6	1
1	6	5	9	4	8	2	3	7
4	3	7	2	1	6	9	5	8
7	8	1	5	2	4	6	9	3
9	2	6	8	3	1	5	7	4
3	5	4	6	9	7	8	1	2
6	4	3	1	8	9	7	2	5
2	1	9	4	7	5	3	8	6
5	7	8	3	6	2	1	4	9

Puzzle - 160

4	5	6	2	9	8	7	1	3
9	7	2	3	5	1	6	4	8
1	3	8	7	4	6	2	9	5
7	1	9	8	2	5	4	3	6
6	2	5	9	3	4	8	7	1
3	8	4	6	1	7	9	5	2
5	6	7	1	8	9	3	2	4
2	9	1	4	6	3	5	8	7
8	4	3	5	7	2	1	6	9

Puzzle - 161

1	9	6	7	8	5	2	4	3
5	2	8	9	3	4	1	6	7
4	7	3	6	1	2	5	9	8
8	5	9	3	2	1	6	7	4
3	1	2	4	7	6	8	5	9
7	6	4	5	9	8	3	2	1
6	8	7	1	5	9	4	3	2
2	3	5	8	4	7	9	1	6
9	4	1	2	6	3	7	8	5

Puzzle - 162

9	6	4	5	3	1	8	2	7
7	1	3	9	2	8	5	6	4
2	5	8	6	4	7	1	3	9
4	7	6	8	1	2	3	9	5
5	3	9	7	6	4	2	1	8
8	2	1	3	5	9	7	4	6
1	9	5	4	7	3	6	8	2
3	4	7	2	8	6	9	5	1
6	8	2	1	9	5	4	7	3

Puzzle - 163

3	1	4	7	5	9	6	8	2
9	7	8	2	6	4	5	1	3
6	5	2	1	3	8	7	9	4
4	6	1	5	7	2	8	3	9
2	9	7	3	8	6	4	5	1
5	8	3	9	4	1	2	6	7
8	4	9	6	1	7	3	2	5
7	2	5	8	9	3	1	4	6
1	3	6	4	2	5	9	7	8

Puzzle - 164

6	9	4	1	3	7	2	8	5
7	8	1	4	2	5	6	9	3
3	2	5	6	8	9	1	4	7
8	3	9	2	1	4	5	7	6
1	6	7	3	5	8	4	2	9
4	5	2	7	9	6	3	1	8
2	7	6	9	4	3	8	5	1
5	4	3	8	7	1	9	6	2
9	1	8	5	6	2	7	3	4

Puzzle - 165

7	2	6	9	3	8	4	1	5
1	9	4	6	7	5	3	8	2
5	8	3	2	4	1	9	6	7
6	7	5	3	9	2	1	4	8
4	1	2	7	8	6	5	3	9
9	3	8	1	5	4	7	2	6
3	5	1	8	6	9	2	7	4
8	4	7	5	2	3	6	9	1
2	6	9	4	1	7	8	5	3

Puzzle - 166

9	7	1	6	3	2	5	4	8
3	4	8	9	5	1	2	7	6
6	2	5	4	8	7	1	3	9
7	6	3	1	9	5	4	8	2
5	8	4	2	6	3	7	9	1
1	9	2	7	4	8	3	6	5
2	3	6	8	1	4	9	5	7
8	5	7	3	2	9	6	1	4
4	1	9	5	7	6	8	2	3

Puzzle - 167

2	4	1	5	6	3	9	8	7
9	3	5	8	4	7	2	6	1
7	8	6	2	9	1	3	5	4
8	7	2	9	5	6	1	4	3
5	1	4	3	7	2	6	9	8
3	6	9	4	1	8	7	2	5
6	9	3	1	8	4	5	7	2
4	2	7	6	3	5	8	1	9
1	5	8	7	2	9	4	3	6

Puzzle - 168

5	9	8	6	7	2	3	1	4
6	2	3	1	4	9	7	5	8
1	7	4	3	5	8	6	9	2
8	1	6	5	2	4	9	7	3
7	3	5	8	9	1	2	4	6
2	4	9	7	6	3	1	8	5
3	5	1	2	8	7	4	6	9
4	8	2	9	1	6	5	3	7
9	6	7	4	3	5	8	2	1

Puzzle - 169

6	3	8	2	5	4	1	7	9
9	2	4	1	8	7	5	6	3
7	5	1	9	3	6	2	4	8
3	6	7	5	1	8	4	9	2
8	4	9	6	2	3	7	1	5
5	1	2	7	4	9	3	8	6
1	7	6	3	9	2	8	5	4
4	9	3	8	7	5	6	2	1
2	8	5	4	6	1	9	3	7

Puzzle - 170

5	3	7	2	6	9	4	1	8
4	1	9	5	8	3	7	2	6
6	2	8	1	4	7	3	9	5
7	9	3	6	2	8	5	4	1
1	4	2	3	9	5	6	8	7
8	5	6	4	7	1	9	3	2
9	7	5	8	3	2	1	6	4
2	6	1	9	5	4	8	7	3
3	8	4	7	1	6	2	5	9

Puzzle - 171

3	1	5	6	7	9	4	2	8
8	4	9	5	2	1	7	6	3
2	7	6	4	3	8	5	1	9
4	9	3	2	6	7	8	5	1
6	2	1	3	8	5	9	7	4
7	5	8	9	1	4	2	3	6
1	8	2	7	4	3	6	9	5
9	6	4	1	5	2	3	8	7
5	3	7	8	9	6	1	4	2

Puzzle - 172

2	8	6	1	4	7	9	3	5
1	5	3	2	9	6	4	8	7
4	9	7	5	8	3	6	1	2
8	4	9	7	2	5	1	6	3
6	7	1	8	3	4	5	2	9
3	2	5	6	1	9	8	7	4
5	1	4	3	6	2	7	9	8
7	3	8	9	5	1	2	4	6
9	6	2	4	7	8	3	5	1

Puzzle - 173

3	1	9	6	7	2	5	8	4
5	4	8	1	9	3	2	7	6
7	6	2	8	5	4	1	9	3
9	3	7	2	8	6	4	5	1
6	2	5	4	1	7	8	3	9
1	8	4	9	3	5	6	2	7
8	5	3	7	4	1	9	6	2
2	7	1	5	6	9	3	4	8
4	9	6	3	2	8	7	1	5

Puzzle - 174

3	7	4	8	9	1	6	2	5
2	9	6	5	7	4	1	8	3
1	8	5	3	6	2	4	9	7
6	4	9	7	5	3	8	1	2
7	3	1	6	2	8	9	5	4
5	2	8	4	1	9	3	7	6
8	5	3	9	4	7	2	6	1
4	6	2	1	8	5	7	3	9
9	1	7	2	3	6	5	4	8

Puzzle - 175

1	2	8	3	4	9	5	6	7
9	3	7	1	6	5	2	4	8
6	4	5	8	2	7	9	1	3
3	1	9	7	8	4	6	5	2
8	6	4	9	5	2	3	7	1
5	7	2	6	1	3	8	9	4
7	8	1	5	3	6	4	2	9
2	5	3	4	9	1	7	8	6
4	9	6	2	7	8	1	3	5

Puzzle - 176

1	3	6	2	5	4	7	8	9
5	8	7	1	3	9	6	2	4
2	9	4	7	6	8	5	3	1
6	1	2	8	9	5	4	7	3
4	7	3	6	1	2	9	5	8
8	5	9	3	4	7	2	1	6
3	4	8	5	2	6	1	9	7
7	6	5	9	8	1	3	4	2
9	2	1	4	7	3	8	6	5

Puzzle - 177

7	6	5	9	4	1	3	2	8
1	2	8	3	7	5	9	6	4
3	9	4	2	8	6	1	7	5
6	3	7	8	2	9	4	5	1
9	5	2	4	1	7	6	8	3
4	8	1	6	5	3	7	9	2
5	4	9	7	3	2	8	1	6
2	7	3	1	6	8	5	4	9
8	1	6	5	9	4	2	3	7

Puzzle - 178

9	1	7	5	6	3	2	4	8
5	3	6	2	8	4	1	7	9
8	2	4	7	1	9	3	6	5
4	8	3	9	2	5	7	1	6
6	7	5	3	4	1	8	9	2
1	9	2	6	7	8	5	3	4
7	4	1	8	9	2	6	5	3
2	5	9	1	3	6	4	8	7
3	6	8	4	5	7	9	2	1

Puzzle - 179

1	4	9	7	3	6	5	2	8
6	2	5	4	9	8	7	3	1
3	7	8	5	2	1	9	6	4
9	1	4	8	7	2	3	5	6
8	6	3	1	5	9	4	7	2
2	5	7	6	4	3	1	8	9
4	8	6	3	1	7	2	9	5
7	9	1	2	6	5	8	4	3
5	3	2	9	8	4	6	1	7

Puzzle - 180

7	1	4	6	3	5	8	2	9
2	3	9	7	1	8	5	6	4
6	8	5	2	4	9	7	3	1
9	5	7	8	2	4	6	1	3
1	2	8	3	5	6	9	4	7
3	4	6	9	7	1	2	5	8
5	7	3	4	8	2	1	9	6
8	9	2	1	6	3	4	7	5
4	6	1	5	9	7	3	8	2

Puzzle - 181

3	1	7	5	8	9	2	6	4
6	4	8	3	2	7	5	9	1
2	5	9	1	6	4	7	8	3
8	7	3	6	4	5	1	2	9
4	9	1	8	7	2	6	3	5
5	6	2	9	3	1	4	7	8
7	8	4	2	5	3	9	1	6
1	2	6	4	9	8	3	5	7
9	3	5	7	1	6	8	4	2

Puzzle - 182

5	8	2	6	9	7	4	3	1
1	9	3	4	8	5	2	7	6
7	4	6	1	3	2	9	8	5
6	7	5	3	1	4	8	9	2
9	2	4	8	7	6	5	1	3
8	3	1	2	5	9	7	6	4
3	1	7	5	2	8	6	4	9
4	5	9	7	6	1	3	2	8
2	6	8	9	4	3	1	5	7

Puzzle - 183

9	6	2	4	5	1	8	3	7
3	7	1	2	8	6	4	9	5
4	8	5	9	7	3	6	1	2
8	5	9	6	2	4	3	7	1
7	2	3	1	9	8	5	4	6
6	1	4	5	3	7	2	8	9
1	4	7	8	6	2	9	5	3
5	3	6	7	4	9	1	2	8
2	9	8	3	1	5	7	6	4

Puzzle - 184

1	7	2	4	9	3	8	6	5
9	4	8	1	6	5	3	2	7
3	6	5	8	7	2	9	1	4
8	9	7	2	4	1	6	5	3
5	1	6	3	8	9	4	7	2
2	3	4	7	5	6	1	9	8
4	8	1	6	2	7	5	3	9
6	2	9	5	3	4	7	8	1
7	5	3	9	1	8	2	4	6

Puzzle - 185

5	3	2	6	7	8	1	4	9
6	1	9	3	2	4	5	8	7
7	4	8	9	1	5	6	3	2
9	7	4	5	8	1	2	6	3
1	6	5	4	3	2	9	7	8
2	8	3	7	6	9	4	5	1
3	5	6	2	9	7	8	1	4
4	2	1	8	5	3	7	9	6
8	9	7	1	4	6	3	2	5

Puzzle - 186

9	1	2	5	7	3	8	6	4
7	8	3	2	4	6	5	9	1
6	5	4	1	8	9	2	3	7
1	2	6	9	3	8	4	7	5
3	9	7	4	1	5	6	8	2
5	4	8	7	6	2	3	1	9
4	3	9	8	5	1	7	2	6
8	7	1	6	2	4	9	5	3
2	6	5	3	9	7	1	4	8

Puzzle - 187

6	4	7	3	9	2	5	8	1
8	3	2	1	6	5	9	7	4
5	1	9	7	8	4	3	6	2
9	6	1	5	3	7	4	2	8
2	7	8	4	1	9	6	5	3
4	5	3	6	2	8	1	9	7
3	2	5	8	4	6	7	1	9
1	9	6	2	7	3	8	4	5
7	8	4	9	5	1	2	3	6

Puzzle - 188

5	8	9	7	3	2	4	6	1
2	4	6	8	9	1	7	3	5
7	1	3	5	4	6	9	2	8
4	2	1	9	5	7	6	8	3
8	6	7	3	1	4	5	9	2
9	3	5	2	6	8	1	4	7
3	7	4	6	8	5	2	1	9
6	5	8	1	2	9	3	7	4
1	9	2	4	7	3	8	5	6

Puzzle - 189

3	4	1	8	6	5	2	7	9
5	8	2	7	3	9	4	1	6
9	7	6	2	1	4	3	5	8
2	6	4	5	7	8	1	9	3
8	1	3	4	9	6	5	2	7
7	9	5	3	2	1	8	6	4
4	3	9	1	5	7	6	8	2
1	2	7	6	8	3	9	4	5
6	5	8	9	4	2	7	3	1

Puzzle - 190

3	8	7	4	5	1	6	9	2
1	9	4	6	8	2	5	3	7
5	6	2	9	3	7	1	8	4
7	4	8	1	2	5	9	6	3
9	1	5	7	6	3	2	4	8
2	3	6	8	4	9	7	5	1
8	2	9	3	7	6	4	1	5
4	7	1	5	9	8	3	2	6
6	5	3	2	1	4	8	7	9

Puzzle - 191

9	3	2	5	8	1	7	4	6
6	8	4	2	9	7	3	5	1
7	5	1	4	3	6	2	8	9
8	7	9	3	1	2	5	6	4
1	6	5	7	4	8	9	2	3
4	2	3	6	5	9	1	7	8
5	9	7	1	6	4	8	3	2
3	4	8	9	2	5	6	1	7
2	1	6	8	7	3	4	9	5

Puzzle - 192

7	8	9	4	6	5	2	3	1
4	6	5	3	2	1	7	9	8
2	3	1	8	9	7	4	5	6
1	2	4	6	3	8	9	7	5
3	5	6	9	7	2	1	8	4
9	7	8	5	1	4	3	6	2
8	9	7	1	4	6	5	2	3
6	4	2	7	5	3	8	1	9
5	1	3	2	8	9	6	4	7

Puzzle - 193

4	1	2	3	8	5	7	6	9
6	8	9	1	2	7	5	4	3
3	5	7	6	9	4	2	8	1
8	4	5	7	1	6	3	9	2
7	3	1	2	4	9	6	5	8
9	2	6	8	5	3	1	7	4
1	9	3	5	7	8	4	2	6
5	6	4	9	3	2	8	1	7
2	7	8	4	6	1	9	3	5

Puzzle - 194

3	8	6	1	7	4	2	5	9
5	1	4	6	2	9	3	7	8
7	9	2	8	3	5	6	1	4
8	5	9	4	6	3	1	2	7
4	6	1	2	5	7	9	8	3
2	3	7	9	1	8	5	4	6
6	7	8	5	9	2	4	3	1
9	4	5	3	8	1	7	6	2
1	2	3	7	4	6	8	9	5

Puzzle - 195

4	5	2	3	7	6	1	8	9
9	1	6	2	8	4	7	3	5
3	8	7	9	1	5	6	4	2
1	2	4	6	3	9	5	7	8
8	6	9	4	5	7	2	1	3
7	3	5	1	2	8	9	6	4
5	9	1	7	4	3	8	2	6
6	7	3	8	9	2	4	5	1
2	4	8	5	6	1	3	9	7

Puzzle - 196

1	7	3	4	5	2	8	9	6
5	2	8	3	9	6	7	4	1
6	4	9	8	1	7	5	2	3
3	5	4	1	2	8	6	7	9
8	9	1	7	6	4	3	5	2
2	6	7	5	3	9	1	8	4
7	8	2	6	4	3	9	1	5
4	1	6	9	8	5	2	3	7
9	3	5	2	7	1	4	6	8

Puzzle - 197

5	3	1	2	4	6	8	7	9
6	9	7	5	3	8	4	1	2
8	4	2	1	9	7	6	5	3
9	1	5	3	6	2	7	8	4
3	2	8	7	5	4	9	6	1
7	6	4	8	1	9	3	2	5
2	5	6	9	8	3	1	4	7
1	8	3	4	7	5	2	9	6
4	7	9	6	2	1	5	3	8

Puzzle - 198

4	7	1	3	6	5	9	2	8
9	3	2	4	8	7	5	6	1
5	6	8	1	9	2	4	7	3
8	1	5	9	7	6	3	4	2
3	2	9	5	4	8	7	1	6
6	4	7	2	3	1	8	5	9
7	5	3	6	1	9	2	8	4
2	9	6	8	5	4	1	3	7
1	8	4	7	2	3	6	9	5

Puzzle - 199

4	2	7	1	5	8	6	3	9
5	8	3	7	6	9	2	1	4
9	1	6	3	4	2	8	5	7
8	3	2	9	1	5	4	7	6
6	7	9	8	3	4	5	2	1
1	5	4	2	7	6	3	9	8
2	6	5	4	9	1	7	8	3
7	4	1	5	8	3	9	6	2
3	9	8	6	2	7	1	4	5

Puzzle - 200

5	2	6	9	8	4	1	7	3
1	9	7	3	6	2	5	8	4
8	3	4	5	7	1	2	9	6
4	6	8	1	2	9	3	5	7
3	5	9	8	4	7	6	2	1
2	7	1	6	5	3	9	4	8
7	8	5	2	1	6	4	3	9
6	4	3	7	9	5	8	1	2
9	1	2	4	3	8	7	6	5

Puzzle - 201

7	9	5	1	8	6	2	3	4
3	2	6	5	7	4	9	1	8
1	8	4	3	9	2	6	7	5
8	3	9	2	4	1	5	6	7
5	7	2	9	6	3	8	4	1
6	4	1	7	5	8	3	2	9
2	1	8	4	3	9	7	5	6
4	6	7	8	2	5	1	9	3
9	5	3	6	1	7	4	8	2

Puzzle - 202

8	7	5	6	2	3	4	1	9
2	1	9	8	4	5	6	3	7
4	6	3	9	1	7	5	2	8
1	2	7	5	9	8	3	6	4
9	4	6	1	3	2	7	8	5
5	3	8	4	7	6	1	9	2
3	8	4	7	6	9	2	5	1
6	9	1	2	5	4	8	7	3
7	5	2	3	8	1	9	4	6

Puzzle - 203

9	5	7	6	4	1	3	8	2
3	1	8	7	5	2	4	9	6
4	2	6	8	9	3	5	7	1
8	9	1	2	3	7	6	4	5
2	7	3	4	6	5	9	1	8
6	4	5	1	8	9	2	3	7
1	6	4	3	2	8	7	5	9
5	8	2	9	7	4	1	6	3
7	3	9	5	1	6	8	2	4

Puzzle - 204

3	2	1	9	7	4	8	6	5
5	9	6	2	1	8	4	7	3
7	8	4	3	6	5	9	2	1
9	1	3	6	8	7	2	5	4
6	7	5	4	2	3	1	9	8
8	4	2	1	5	9	6	3	7
4	6	9	5	3	1	7	8	2
2	3	8	7	4	6	5	1	9
1	5	7	8	9	2	3	4	6

Puzzle - 205

6	2	4	9	7	5	3	1	8
5	7	9	1	8	3	2	4	6
1	8	3	6	4	2	7	5	9
3	9	8	4	5	7	6	2	1
4	5	6	8	2	1	9	3	7
2	1	7	3	6	9	4	8	5
9	3	2	5	1	6	8	7	4
8	6	1	7	3	4	5	9	2
7	4	5	2	9	8	1	6	3

Puzzle - 206

9	5	7	2	4	8	6	3	1
3	4	8	5	6	1	2	7	9
1	6	2	9	7	3	5	4	8
5	1	4	7	2	6	9	8	3
8	9	3	4	1	5	7	2	6
2	7	6	8	3	9	1	5	4
6	3	5	1	8	2	4	9	7
7	2	1	3	9	4	8	6	5
4	8	9	6	5	7	3	1	2

Puzzle - 207

3	7	1	4	8	9	2	5	6
6	4	2	1	5	3	9	8	7
8	5	9	2	6	7	1	4	3
7	6	5	8	3	2	4	1	9
9	1	4	5	7	6	3	2	8
2	3	8	9	4	1	7	6	5
4	8	3	7	2	5	6	9	1
1	2	6	3	9	8	5	7	4
5	9	7	6	1	4	8	3	2

Puzzle - 208

4	8	9	7	1	2	3	5	6
5	7	3	4	9	6	2	8	1
2	6	1	5	8	3	4	7	9
8	2	5	9	6	4	1	3	7
1	4	7	8	3	5	6	9	2
3	9	6	1	2	7	5	4	8
9	3	8	6	5	1	7	2	4
7	1	2	3	4	8	9	6	5
6	5	4	2	7	9	8	1	3

Puzzle - 209

5	3	1	2	7	8	9	4	6
7	8	4	5	6	9	2	1	3
9	2	6	3	4	1	8	7	5
3	1	9	7	2	5	6	8	4
4	6	7	8	9	3	1	5	2
2	5	8	6	1	4	7	3	9
8	4	2	9	3	7	5	6	1
1	9	5	4	8	6	3	2	7
6	7	3	1	5	2	4	9	8

Puzzle - 210

2	1	4	8	6	3	9	7	5
3	6	8	9	7	5	1	2	4
7	9	5	4	1	2	6	8	3
8	3	7	6	2	1	5	4	9
6	4	9	5	3	8	2	1	7
1	5	2	7	9	4	8	3	6
4	2	6	1	5	7	3	9	8
9	8	1	3	4	6	7	5	2
5	7	3	2	8	9	4	6	1

Puzzle - 211

8	1	9	7	4	5	3	2	6
6	4	5	9	2	3	7	1	8
7	2	3	8	6	1	9	4	5
4	6	8	3	5	2	1	9	7
3	5	1	6	9	7	4	8	2
9	7	2	4	1	8	5	6	3
1	9	7	5	8	6	2	3	4
2	3	6	1	7	4	8	5	9
5	8	4	2	3	9	6	7	1

Puzzle - 212

5	9	1	3	7	2	4	8	6
8	4	3	1	9	6	5	2	7
6	2	7	8	4	5	9	1	3
3	1	4	9	2	7	8	6	5
9	5	2	6	8	1	3	7	4
7	6	8	4	5	3	1	9	2
4	8	6	7	3	9	2	5	1
1	3	5	2	6	8	7	4	9
2	7	9	5	1	4	6	3	8

Puzzle - 213

2	6	8	4	7	9	5	3	1
5	1	9	8	6	3	2	7	4
4	3	7	1	2	5	6	9	8
3	2	5	6	4	1	9	8	7
8	7	4	5	9	2	3	1	6
6	9	1	7	3	8	4	2	5
9	4	6	2	1	7	8	5	3
1	5	2	3	8	6	7	4	9
7	8	3	9	5	4	1	6	2

Puzzle - 214

3	2	6	7	8	4	9	5	1
5	8	1	3	9	2	6	7	4
4	7	9	5	6	1	2	8	3
8	4	5	9	2	7	3	1	6
7	1	2	4	3	6	8	9	5
9	6	3	1	5	8	7	4	2
1	5	8	2	7	3	4	6	9
6	3	4	8	1	9	5	2	7
2	9	7	6	4	5	1	3	8

Puzzle - 215

5	3	2	4	8	9	6	1	7
6	4	1	3	7	5	2	9	8
7	9	8	6	2	1	4	3	5
2	6	9	8	4	3	5	7	1
4	1	3	7	5	2	8	6	9
8	7	5	1	9	6	3	4	2
9	5	7	2	6	4	1	8	3
3	8	4	5	1	7	9	2	6
1	2	6	9	3	8	7	5	4

Puzzle - 216

1	8	6	2	3	4	5	7	9
7	3	4	1	5	9	8	2	6
2	9	5	8	7	6	4	1	3
8	4	9	5	2	1	3	6	7
3	5	7	9	6	8	2	4	1
6	1	2	3	4	7	9	8	5
4	6	8	7	9	3	1	5	2
9	2	1	6	8	5	7	3	4
5	7	3	4	1	2	6	9	8

Puzzle - 217

5	6	8	7	9	3	2	4	1
2	9	7	5	1	4	8	3	6
1	4	3	8	6	2	9	7	5
9	2	4	3	5	6	1	8	7
7	1	5	2	8	9	3	6	4
3	8	6	4	7	1	5	9	2
6	3	1	9	4	5	7	2	8
8	5	2	6	3	7	4	1	9
4	7	9	1	2	8	6	5	3

Puzzle - 218

8	5	9	4	7	1	3	2	6
4	3	1	5	6	2	8	9	7
2	7	6	9	8	3	1	4	5
6	4	3	1	2	7	9	5	8
7	9	8	6	3	5	2	1	4
1	2	5	8	4	9	6	7	3
9	8	2	3	5	4	7	6	1
3	1	4	7	9	6	5	8	2
5	6	7	2	1	8	4	3	9

Puzzle - 219

7	8	6	3	1	2	9	4	5
2	9	4	7	6	5	8	3	1
1	5	3	9	8	4	6	2	7
5	7	2	8	3	6	4	1	9
3	6	9	2	4	1	5	7	8
8	4	1	5	9	7	3	6	2
6	3	8	1	7	9	2	5	4
9	1	5	4	2	3	7	8	6
4	2	7	6	5	8	1	9	3

Puzzle - 220

7	8	4	2	3	6	5	1	9
1	5	2	7	9	8	3	4	6
9	6	3	1	4	5	8	2	7
6	1	5	8	7	9	2	3	4
3	9	7	5	2	4	6	8	1
4	2	8	3	6	1	7	9	5
8	3	6	9	1	7	4	5	2
2	4	9	6	5	3	1	7	8
5	7	1	4	8	2	9	6	3

Puzzle - 221

2	8	5	4	3	1	7	6	9
1	3	6	5	7	9	4	2	8
4	9	7	8	2	6	5	3	1
3	2	4	7	5	8	1	9	6
9	7	8	6	1	3	2	5	4
5	6	1	9	4	2	8	7	3
8	4	2	3	6	5	9	1	7
6	5	9	1	8	7	3	4	2
7	1	3	2	9	4	6	8	5

Puzzle - 222

7	3	1	8	6	9	5	2	4
5	9	8	1	4	2	6	3	7
6	4	2	3	5	7	9	1	8
8	2	7	5	9	4	1	6	3
1	5	9	6	7	3	4	8	2
4	6	3	2	8	1	7	5	9
3	7	5	4	1	8	2	9	6
2	1	4	9	3	6	8	7	5
9	8	6	7	2	5	3	4	1

Puzzle - 223

3	1	8	7	2	6	5	4	9
7	6	9	8	4	5	3	2	1
4	2	5	1	9	3	8	6	7
1	9	6	4	3	2	7	8	5
8	5	3	6	7	9	4	1	2
2	4	7	5	8	1	6	9	3
6	3	4	2	1	7	9	5	8
9	8	1	3	5	4	2	7	6
5	7	2	9	6	8	1	3	4

Puzzle - 224

5	2	7	6	4	9	1	8	3
8	3	1	7	5	2	6	4	9
6	4	9	8	1	3	7	2	5
9	7	4	3	2	6	8	5	1
2	6	8	5	7	1	3	9	4
3	1	5	4	9	8	2	6	7
1	9	3	2	6	5	4	7	8
4	8	2	9	3	7	5	1	6
7	5	6	1	8	4	9	3	2

Puzzle - 225

9	1	2	8	3	4	6	5	7
5	6	4	1	7	2	9	8	3
8	3	7	5	6	9	2	1	4
6	8	9	3	5	1	4	7	2
2	5	3	9	4	7	8	6	1
7	4	1	2	8	6	5	3	9
1	2	8	7	9	5	3	4	6
3	9	6	4	1	8	7	2	5
4	7	5	6	2	3	1	9	8

Puzzle - 226

2	1	8	9	5	7	6	4	3
5	3	9	1	4	6	2	8	7
7	4	6	3	8	2	5	9	1
9	5	3	7	2	8	1	6	4
1	7	4	5	6	9	8	3	2
8	6	2	4	1	3	9	7	5
3	2	7	6	9	1	4	5	8
6	8	5	2	7	4	3	1	9
4	9	1	8	3	5	7	2	6

Puzzle - 227

5	1	2	8	7	9	4	3	6
7	3	4	5	6	1	2	9	8
9	6	8	3	4	2	5	1	7
6	2	9	4	5	3	8	7	1
1	4	5	7	9	8	3	6	2
8	7	3	2	1	6	9	4	5
3	5	1	9	2	7	6	8	4
4	9	6	1	8	5	7	2	3
2	8	7	6	3	4	1	5	9

Puzzle - 228

8	7	2	1	9	5	4	3	6
9	1	3	4	7	6	5	2	8
5	4	6	3	8	2	9	1	7
2	5	9	6	1	7	3	8	4
7	3	1	5	4	8	2	6	9
4	6	8	9	2	3	7	5	1
3	2	4	7	6	1	8	9	5
1	9	5	8	3	4	6	7	2
6	8	7	2	5	9	1	4	3

Puzzle - 229

4	1	2	3	9	5	6	8	7
7	5	8	6	1	2	3	4	9
3	6	9	4	7	8	2	1	5
6	4	5	7	2	9	8	3	1
8	2	7	1	5	3	9	6	4
1	9	3	8	6	4	5	7	2
2	3	4	5	8	7	1	9	6
9	8	6	2	4	1	7	5	3
5	7	1	9	3	6	4	2	8

Puzzle - 230

1	7	9	3	5	8	6	2	4
2	4	3	1	6	7	8	5	9
5	8	6	2	9	4	3	1	7
4	9	2	6	1	3	5	7	8
7	5	1	4	8	9	2	3	6
3	6	8	5	7	2	4	9	1
8	3	4	7	2	1	9	6	5
6	2	7	9	4	5	1	8	3
9	1	5	8	3	6	7	4	2

Puzzle - 231

9	1	7	4	3	8	6	5	2
5	2	8	9	1	6	4	7	3
4	6	3	2	7	5	1	9	8
3	4	6	5	2	1	7	8	9
1	8	5	7	9	4	3	2	6
7	9	2	8	6	3	5	1	4
2	7	4	3	5	9	8	6	1
8	5	1	6	4	2	9	3	7
6	3	9	1	8	7	2	4	5

Puzzle - 232

7	8	9	4	6	2	3	5	1
3	5	6	9	8	1	2	7	4
1	2	4	7	3	5	8	6	9
6	9	8	5	7	4	1	2	3
2	7	5	8	1	3	4	9	6
4	1	3	6	2	9	7	8	5
8	4	1	2	9	6	5	3	7
9	3	2	1	5	7	6	4	8
5	6	7	3	4	8	9	1	2

Puzzle - 233

4	1	5	6	8	7	9	2	3
8	6	3	2	1	9	5	7	4
7	2	9	5	4	3	8	1	6
2	8	7	9	3	5	6	4	1
1	3	6	8	2	4	7	5	9
5	9	4	1	7	6	3	8	2
9	7	2	3	5	1	4	6	8
6	5	8	4	9	2	1	3	7
3	4	1	7	6	8	2	9	5

Puzzle - 234

5	2	3	8	1	7	4	6	9
9	8	4	3	6	2	7	1	5
7	6	1	9	4	5	2	8	3
1	3	9	6	7	8	5	2	4
2	5	6	1	3	4	9	7	8
8	4	7	2	5	9	6	3	1
3	9	8	5	2	6	1	4	7
4	1	2	7	9	3	8	5	6
6	7	5	4	8	1	3	9	2

Puzzle - 235

5	3	7	2	8	9	4	1	6
6	8	1	3	4	7	9	2	5
2	4	9	6	1	5	3	8	7
3	2	8	5	7	1	6	4	9
4	1	5	8	9	6	2	7	3
7	9	6	4	2	3	1	5	8
9	5	2	7	3	4	8	6	1
8	6	3	1	5	2	7	9	4
1	7	4	9	6	8	5	3	2

Puzzle - 236

1	4	2	5	3	9	8	6	7
6	8	5	7	4	1	3	9	2
9	7	3	8	2	6	1	5	4
7	6	1	2	8	4	9	3	5
3	5	9	6	1	7	4	2	8
4	2	8	3	9	5	7	1	6
5	3	4	9	7	2	6	8	1
8	1	6	4	5	3	2	7	9
2	9	7	1	6	8	5	4	3

Puzzle - 237

1	4	5	9	7	3	2	6	8
8	9	7	5	6	2	4	1	3
2	6	3	4	1	8	9	7	5
4	1	9	6	3	7	8	5	2
7	5	6	2	8	9	3	4	1
3	8	2	1	4	5	6	9	7
9	2	8	7	5	4	1	3	6
6	7	4	3	2	1	5	8	9
5	3	1	8	9	6	7	2	4

Puzzle - 238

2	7	3	8	4	6	5	9	1
1	5	9	7	3	2	6	8	4
4	6	8	1	5	9	7	3	2
6	4	5	2	7	3	9	1	8
3	8	1	6	9	4	2	7	5
9	2	7	5	1	8	3	4	6
5	9	4	3	2	1	8	6	7
8	3	2	4	6	7	1	5	9
7	1	6	9	8	5	4	2	3

Puzzle - 239

3	6	8	5	7	4	2	1	9
4	1	9	2	8	3	5	6	7
5	7	2	9	1	6	4	8	3
9	4	3	7	6	8	1	2	5
2	8	6	1	9	5	7	3	4
7	5	1	3	4	2	8	9	6
6	2	7	8	5	9	3	4	1
1	3	4	6	2	7	9	5	8
8	9	5	4	3	1	6	7	2

Puzzle - 240

9	4	3	8	5	6	1	7	2
2	7	8	9	4	1	5	3	6
5	1	6	3	7	2	9	8	4
4	5	1	7	2	9	8	6	3
3	2	9	6	8	4	7	5	1
8	6	7	5	1	3	2	4	9
7	9	2	4	6	5	3	1	8
1	8	4	2	3	7	6	9	5
6	3	5	1	9	8	4	2	7

Harrington Publishing

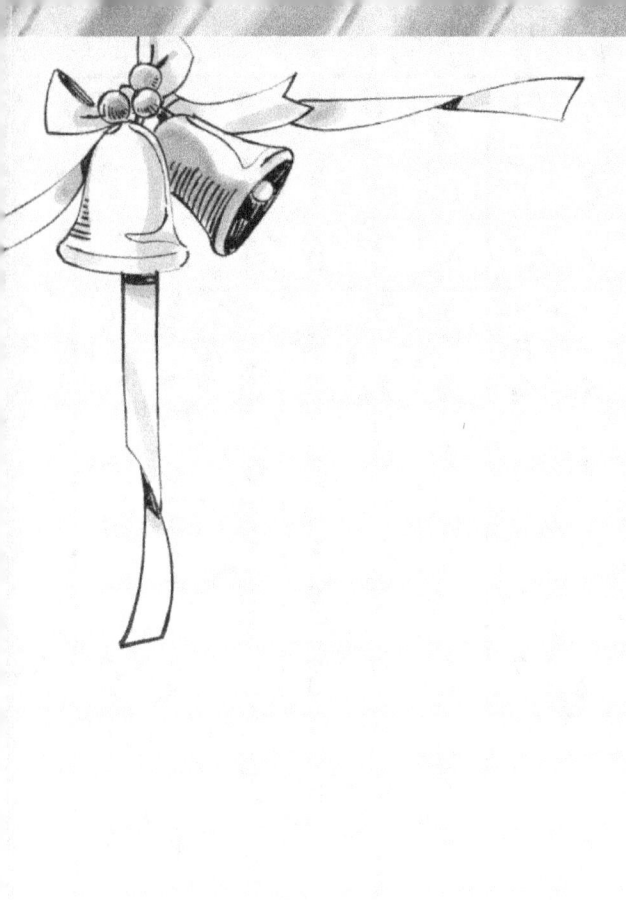

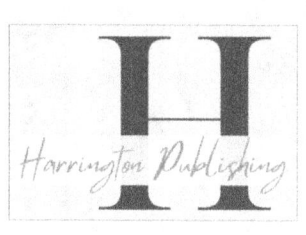

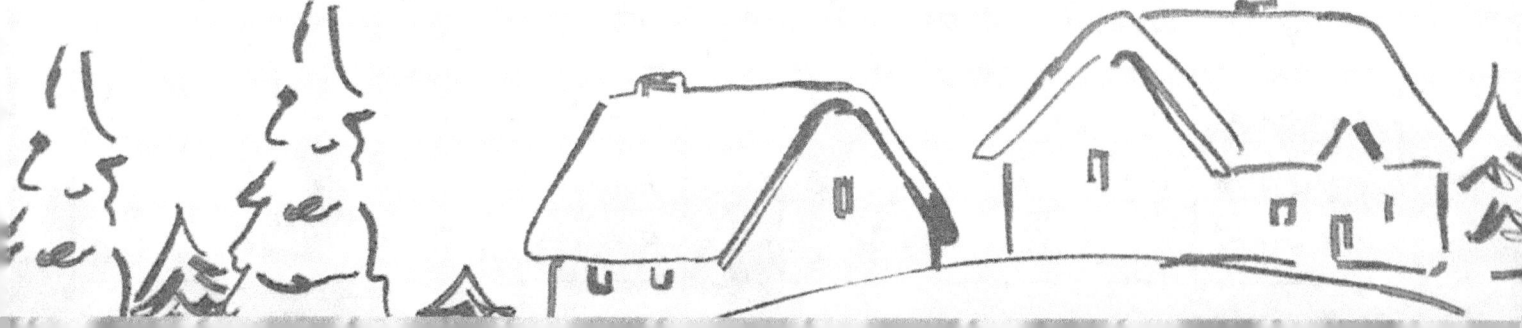